Luiz Sampaio Athayde Junior

Teoria Zenitu Słonecznego

Luiz Sampaio Athayde Junior

Teoria Zenitu Słonecznego

Proponowane nowe zasady na pory roku w miejscach międzywrotnikowych, skupiające Salvador Bahia

Wydawnictwo Bezkresy Wiedzy

Imprint

Cover image: www.ingimage.com

This book is a translation from the original published under ISBN 978-3-659-83760-9.

Publisher:
Wydawnictwo Bezkresy Wiedzy
is a trademark of
Dodo Books Indian Ocean Ltd., member of the OmniScriptum S.R.L Publishing group
str. A.Russo 15, of. 61, Chisinau-2068, Republic of Moldova Europe
Printed at: see last page
ISBN: 978-620-2-44805-5

DYDYKACJA

Do pani Marisy, mojej matki, dla wszystkich.

PREFACE

Ta książka jest pionierską pracą w poszukiwaniu nowych sezonów w tropikalnych miejscach. Nie mógł przybyć w żadnym innym miejscu niż Bahia, kraina znana z potencjału turystycznego oraz wielkości i piękna jej brzegu. Jego treść skierowana jest do całego środowiska naukowego, od licealistów, którzy rozumieją już cztery astronomiczne pozycje planety Ziemia, wywodzące się z czterech pór roku w strefach umiarkowanych, po studentów i badaczy wyższego wykształcenia z fizyki lub geografii, a także dla amatorów i profesjonalnych surferów na forach dyskusyjnych dotyczących astronomii i astrofizyki. Jak sugeruje praca, tworzenie nowych zasad lub standardów dla pór roku między tropikami, nie sugerując po prostu eliminacji konwencji dla tej kwestii jest również interesujące dla nauczycieli nauki, geografii i wychowawców w ogólny sposób do konfrontacji z rzeczywistością Aktualnie nasze nauczanie przez Temat i stanowiska myślicieli edukacji, jak Freire i Vygotsky. Nigdy wcześniej w książce nie poruszono szczegółowo pór roku, biorąc pod uwagę klimat wiedzy o mieście Salwador, przez autora, i ich temperatury w ciągu całego roku, wykazując pełną niespójność spowodowaną na miejscu przez oficjalną regułę. Salwador wyłania się zatem jako punkt wyjścia dla wszystkich badań, które zrewolucjonizują koncepcje pór roku w strefie tropikalnej, pozostawiając zaproszenie do innych miejsc, które robią to samo. Dalsze szczegóły można również znaleźć pod adresem: www.veraodabahia.blogspot.com.br.

WIADOMOŚCI

Profesor Alberto Brum Novaes, dzięki cierpliwości i mądrości, odkąd pojawił się na naszych pierwszych dyskusjach, zawsze podążałem właściwą drogą i wyjaśniałem kierunki podejścia, a także wskazywałem odczyty, a zwłaszcza powiększałem to dzieło ze wspaniałą przedmową. Dziękuję bardzo.

Przyjaciele AAAB - Stowarzyszenia Amatorskich Astronomów Bahia, które przyjęło mnie do grona członków. Uważam tę akceptację za wyzwanie dla nowej nauki. Mam nadzieję, że wiele się od was wszystkich nauczę na naszych imprezach i kursach.

Przyjaciele Instytutu Fizyki Federalnego Uniwersytetu Bahia, który został połączony z wcześniejszym uznaniem, ponieważ wielu członków AAAB to IF UFBA. Będziemy mieli nowe projekty!

Przyjaciel i brat Artur de Sá Menezes, który tłumaczył i zwiększał, ulepszał i symulował na Uniwersytecie w Nebrasce, co umożliwiło dostarczenie danych, gdy teoria Zenitu Słonecznego była tylko pomysłem. Dziękuję!

Moja ukochana siostra, Christiane Athayde, wspaniała pedagog, wspaniale przyczyniła się do ukończenia tego dzieła.

Partnerze nauki, moje podziękowania dla Amy Afr za pomoc w wydobyciu tej pracy z granic miasta Salvador.

Przyjaciele Cosmofórum. Zastrzeżenia poczynione w naszych zmaganiach w Internecie wzbogaciły naszą pracę. Jestem niezmiernie wdzięczny wszystkim.

Friends of the Mailing List in Astronomy Urania BR, a zwłaszcza Dennis Weaver. Zawsze mile widziany jest wkład w poprawę naszej pracy,

Nasz przyjaciel Saulo Machado Filho, uczestnik listy mailingowej w Astronomii Urania BR, który zawsze pomagał promować naszą pracę w ramach Grupowego Wsparcia Wydarzeń Astronomicznych - GAEA. Dziękuję.

Do moich przyjaciół Renara Freitasa i Marka Winicjusza za ich cierpliwość, wsparcie i towarzystwo we wczesnej fazie tej pracy.

Do Livii przez firmę w czasie pierwszych zdjęć wschodu i zachodu słońca.

Do Bianquinha, który w wieku pięciu lat, już włożył laski w piasku do fotografowania tylko po to, aby zrobić "Jak ojciec robi".

"Klonuj do mnie" ukochany syn, Luiz Sampaio Athayde Neto, Astronom Amator, który towarzyszył mi przy prezentacji Paradoksalnej Wariacji, odkrycia badawczego Theory of Solar Zenith w Houston w Teksasie, w Stanach Zjednoczonych Ameryki, w ostatnim czasie.

Izabella Pitanga, wspaniała partnerka życiowa, która pośrednio była również w Houston w Teksasie, w Stanach Zjednoczonych Ameryki, przyczyniając się do osiągnięcia nowych granic. Dziękuję bardzo!

Luiz Gustavo, ukochany bratanek/syn przez firmę na drodze do przedstawienia Teorii Zenitu Słonecznego w Ilhéus, Bahia, jedna z pierwszych publicznych prezentacji tego tekstu.

Szalony i wspaniały przyjaciel Raimundo Sena, doskonały towarzysz prezentacji Teorii Zenitu Słonecznego w stanie Rio de Janeiro w Brazylii, dziękuję!

Marcii Machado, której cenny wkład pozwolił na prezentację i tę pracę, dziękuję!

Mary Alice Porto, dziękuję bardzo za pierwszą recenzję tego nowego formatu Teorii Zenitu Słonecznego.

Do Vanessy Machicado za tłumaczenie na hiszpański. Nieoceniony wkład, który pozwolił mi na opublikowanie tego dzieła w Santiago de Compostela w Hiszpanii, dziękuję!

Gabrieli Copque, która bardzo pomogła w tłumaczeniu na język angielski, bardzo dziękuję!

Mojemu angielskiemu mistrzowi Praxedes Silva Moraes za pomoc w wymaganych czasach i za tłumaczenie na język angielski, dziękuję!

"Dla mnie o wiele lepiej jest zrozumieć wszechświat takim, jaki jest naprawdę, niż trwać w urojeniach, jakkolwiek satysfakcjonujące i uspokajające może się wydawać".

Carl Sagan w "The Demon-Haunted World": Science As A View A Candle in the Dark", Publisher Companhia das Letras, s. 27.

BRIEFING

Pory roku występują na całym świecie z powodu wyimaginowanego przechylenia osi podłużnej. Tłumaczenie Ziemi pokazuje cztery różne pozycje astronomiczne, które pomagają określić cztery pory roku, z których każda trwa ~90 dni. Są one również konfigurowane przez wzorce pogodowe, a występowanie słońca przez cały rok w strefie tropikalnej powoduje, że różnice stają się bardziej subtelne, niszcząc jej konceptualizację w regionie. Ich różnice są bardziej zdefiniowane poza tropikami, w krajach dominujących, które stworzyły te zasady i narzuciły literaturze północnej skolonizowanym krajom, takim jak nasze. Słońce świeci na Salwadorze ~27/10, na długo przed oficjalnym latem, więc miasto ponownie i otrzymuje swoje promienie, aby przypiąć ~15/02, następna data spadnie w oficjalnych przepisach. Lato w Salwadorze powinno być brane pod uwagę od 12 września, czyli od daty przed pierwszym zenitem słonecznym w ciągu 45 dni do 1 kwietnia, 45 dni po drugim, ponieważ upał przychodzi przed oficjalnym latem i trwa znacznie dłużej, z wysokimi temperaturami, ponieważ przed oficjalną wiosną po jesieni, co uzasadniałoby zmianę. Zróżnicowany system występowania Słońca, dwa razy w roku pomiędzy tropikami, podkreśla potrzebę różnych standardów dla stacji w tych miejscach, jednak są one nauczane zgodnie z tymi samymi zasadami stref umiarkowanych. Różne firmy wymagają różnych rodzajów edukacji. W miarę jak uczymy się wielkich myślicieli edukacji, zdobywanie wiedzy odbywa się poprzez interakcję podmiotu z otoczeniem, a wiedza konstruowana jest w oparciu o podejście człowieka do rzeczywistości, dlatego bardziej właściwe byłoby nauczanie zasad zgodnych z rzeczywistością ujawnianą w różnych miejscach, zwłaszcza z możliwością przepływu informacji, obserwowaną współcześnie, oraz z obecnością nowych technologii dostępnych dla edukacji.

ABSTRACT

Pory roku występują na całej planecie z powodu nachylenia jej podłużnej osi wyobrażeniowej. Tłumaczenie Ziemi pokazuje cztery różne pozycje astronomiczne, które pomagają określić cztery pory roku, z których każda trwa ~90 dni. Określają je również wzorce pogodowe i występowanie słońca przez cały rok w strefie tropikalnej, co powoduje, że różnice stają się bardziej subtelne, co szkodzi jego konceptualizacji w regionie. Ich różnice są bardziej ograniczone poza tropikami, w dominujących krajach, które stworzyły te zasady i narzuciły je poprzez literaturę dla północnych skolonizowanych krajów, takich jak nasz. Słońce w kierunku Salwadoru ~27/10, na długo przed oficjalnym latem, więc miasto otrzymuje swoje promienie z powrotem pin, ~15/02, który byłby datą upadku w oficjalnych przepisach. Lato w Salwadorze powinno być rozważane 12 września, data poprzedzająca pierwszy zenit słoneczny 45 dni do 1 kwietnia, 45 dni po drugim, ponieważ upał przychodzi przed latem oficjalnie i trwa znacznie dłużej, z wysokimi temperaturami od przed wiosennym oficjalnym do po jesieni, co uzasadniałoby modyfikację. Zróżnicowany system bezpośredniego nasłonecznienia, dwa razy w roku pomiędzy tropikami, podkreślający potrzebę różnych standardów dla stacji w tych miejscowościach, jest jednak nauczony tych samych zasad strefy umiarkowanej. Różne firmy potrzebują różnych rodzajów edukacji, o ile jest ona nauczana przez mistrzowskie umysły edukacyjne, zdobywanie wiedzy odbywa się poprzez interakcję przedmiotu z otoczeniem, a wiedza jest budowana poprzez zbliżanie rzeczywistości przez mężczyzn, dlatego bardziej właściwe byłoby nauczanie zasad zgodnych z obserwowaną rzeczywistością w różnych miejscach, zwłaszcza z możliwością przepływu informacji, aktualizacji obserwacji i obecności nowych technologii w edukacji.

RESUMENCJA

Pory roku występują na całej planecie z powodu nachylenia jej wyimaginowanej osi wzdłużnej. Ruch translacyjny ziemi pokazał cztery różne pozycje gwiazd, co pomaga określić cztery pory roku, z których każda trwa ~90 dni. Kształtują je również wzorce pogodowe i występowanie słońca przez cały rok w strefie tropikalnej, co sprawia, że różnice są bardziej subtelne, co zaburza ich konceptualizację w regionie. Ich różnice są bardziej ograniczone poza tropikami, w dominujących krajach, które stworzyły te normy i narzuciły je poprzez literaturę Północy krajom przez nie skolonizowanym, takim jak nasze. Słońce uderza w powierzchnię Salwadoru ~27/10, prawie dwa miesiące przed oficjalną datą lata, więc, i miasto otrzymuje ponownie najsilniejsze promienie, ~15/02, data blisko sezonu jesiennego przez oficjalne normy. Lato w Salwadorze powinno rozpocząć się 12 września, czyli przed pierwszym zenitem słońca około 45 dni do 1 kwietnia, 45 dni po drugim, tak więc stwierdzono, że upały zaczynają się przed oficjalną datą lata i utrzymują się znacznie dłużej, przy wysokich temperaturach od przed oficjalną datą wiosny do po jesieni, co uzasadnia zmianę. Odmienny system występowania promieni słonecznych, dwa razy w roku pomiędzy strefami tropikalnymi, który wskazuje na potrzebę różnych standardów dla pór roku na tych obszarach, są jednak nauczane dla osób mieszkających na tych obszarach tych samych standardów stref umiarkowanych. Różne społeczeństwa potrzebują różnych rodzajów edukacji. Wielcy myśliciele edukacji nauczyli nas, że wiedzę pozyskuje się poprzez kontakt z otoczeniem, blisko rzeczywistości jednostki, dlatego bardziej właściwe jest nauczanie zasad zgodnych z rzeczywistością różnych regionów, zwłaszcza z obserwowaną dziś możliwością obiegu informacji i obecnością nowych technologii dostępnych dla edukacji.

WYKAZ ABREWIANTÓW I AKRONIMÓW

3D	Trzy wymiary
AAAB	Stowarzyszenie Amatorskich Astronomów Bahia (Association of Amateur Astronomers of Bahia)
CNBB	Krajowa Konferencja Biskupów Brazylii
JEŚLI	Instytut Fizyki / UFBA
GAEA	Wydarzenia Astronomiczne Wsparcia Grupowego
IGEO	Instytut Nauk Geologicznych - IGEO / UFBA
NAAP	Projekt Aplet Astronomiczny Nebraska
UFBA	Federalny Uniwersytet Bahia
UFRGS	Federalny Uniwersytet Rio Grande do Sul
GPS	Globalny system pozycjonowania
UNL	Uniwersytet Nebraska-Lincoln
USNO	Obserwatorium Marynarki Wojennej Stanów Zjednoczonych
USP	Uniwersytet w São Paulo
UT	Czas uniwersalny
UTC	Uniwersalny czas skoordynowany

LISTA RYSUNKÓW I OBRAZÓW

Rys. 28 Minimalne temperatury w Macapie w 2008 r.

STRESZCZENIE

ŚWIADCZENIA

Od czasu, gdy człowiek nauczył się myśleć analitycznie i korzystać z dostępnych mu materiałów, by uczynić życie łatwiejszym i bezpieczniejszym, mamy do czynienia z przekraczaniem niekończącej się serii granic. W nauce granice te były zawsze przystanią dla tego, co nieznane, a zrozumienie i postęp były koniecznie poprzedzone rewizjami i nowymi poglądami na zjawiska przyrodnicze, starannie omówionymi. TEORIA SOLAR ZENITU jest komentarzem do wielu zagadnień Pór roku w różnych szerokościach geograficznych świata i stanowi przegląd najnowszej wiedzy naukowej oraz rewizję, przegląd i ocenę wydarzeń historycznych, które doprowadziły do przeorientowania naszej wiedzy na ten temat. Mam nadzieję, że podejście przyjęte w tym tekście posłuży przede wszystkim jako prowokacja do otwarcia nowych horyzontów dla wszystkich tych, którzy prezentują się w trakcie naszego dążenia do lepszego zrozumienia naszego wszechświata, a zwłaszcza ruchów Słońca i Księżyca oraz ich wpływu na Ziemię i Astronomię na co dzień.

Książka omawia naukowe aspekty rozmieszczenia światła słonecznego na różnych szerokościach geograficznych, zwłaszcza w strefie tropikalnej. Jak nauka jest eksperymentalna, zawsze gotowa do poszerzania i korygowania siebie. Tak więc, książka wspomina, przez ostatnie ustalenia na temat pozornego tranzytu Słońca w Niebiańskiej Strefie i Pór Roku dla całej planety, a zagraniczny autor ma wątpliwości co do nałożenia startu stacji na całym świecie. Podkreśla, że daty ustalone dla poszczególnych pór roku są odpowiednie dla regionów umiarkowanych i polarnych, ale dla regionu tropikalnego między tropikami Raka (23° 26' 37" N) i Koziorożca (23° 26' 37' S) istotne jest inne podejście, ponieważ ustalone i oficjalne daty zimy (21 czerwca), jesieni (21 marca), wiosny (22 września) i lata (21 grudnia) nie odpowiadają dokładnie miastu Salwador, Bahia, które znajduje się na szerokości geograficznej 12° 58' 16" S, cienkie i bez większego znaczenia. Podkreśla on, że w szerokości geograficznej Salwadoru Słońce znajduje się w zenicie (popularnie nazywanym "słońcem południowym") przybliżone daty 27 października, na długo przed oficjalnym latem i 15 lutego, następna data byłaby zgodna z oficjalnymi zasadami.

Czytelnik nieuchronnie będzie miał do czynienia ze znaczącym podejściem, różniącym się od tego, które uczy nauki o datach rozpoczęcia pór roku dla całej Ziemi oraz o specyfice tropikalnych regionów planety.

Jednak mimo tych wszystkich obserwacji, mam nadzieję, że książka ta da czytelnikowi wyobrażenie o tym, co wielu naukowców i nienaukowców odkrywa właśnie teraz. Nauka jest bardzo obecna, zwłaszcza w ostatnich czasach. Dziś jest więcej uczonych, którzy z większą ilością technik i instrumentów od razu dostępnych, prowadzą dalsze badania nad biznesem z niespotykanym nigdy entuzjazmem. W rezultacie dziedziny ludzkiej wiedzy poszerzają się energicznie i szybko, jak nigdy dotąd.

Książka składa się z czterech ściśle powiązanych ze sobą części. Pierwsza część składa się z ogólnego wprowadzenia do zakresu książki oraz do pojęć Pory roku w jej różnych aspektach: środowiskowych, poczucia, które mieszkańcy tropików odczuwają w związku z uczuciem cieplejszej pogody oraz chłodu i dystrybucji na całym świecie. Część druga to przegląd literatury na ten temat od jej historycznych aspektów, teorii, aktualnych postępów i podejścia praw Keplera i Newtona do rozumienia analemmy. W części trzeciej położono nacisk na proces edukacyjny w ich aspektach interakcji podmiotu ze środowiskiem, aspektach poznawczych i społeczno-kulturowych. W części czwartej (rozdział trzeci) rozpoczęto obserwacje jakościowe, które są kontynuowane poprzez obserwację nieba i badanie jego wpływu na klimat w mieście Salwador.

Celem książki jest sprawdzenie, czy potrafisz zrozumieć i docenić cuda współczesnej nauki, być przez nie zaskoczonym, cieszyć się nimi na poziomie naukowym i technicznym, ani zbyt trudnym, ani powierzchownym. Książka przedstawia nową wizję ludzi, którzy zamieszkują tropikalne regiony Ziemi i poczucie, że mają pory roku. Mam nadzieję, że jest to wkład i prowokacja do debaty na temat badania od początku sezonów, które ma swoje znaczenie w interakcji człowieka z jego środowiskiem.

Profesor Dr. Alberto Brum Novaes
Profesor fizyki / Instytut Fizyki UFBA
Mistrz w dziedzinie geofizyki jądrowej / UFBA
Ph.D. in Physics of Atmosphere
Imperial College - Uniwersytet Londyński

WPROWADZENIE

Pory roku to temat, który nadal ma pewne niejasności, czy to w odniesieniu do ich zrozumienia przez większość ludzi, wykazując słabość naszego systemu edukacji jako całości, to na poziomie szkolnictwa podstawowego lub wyższego, odnosząc się do pozycji autorów w tej kwestii, za brak szczegółowego opisu specyfiki każdego regionu, ponieważ zasady nauczane w podręcznikach brazylijskich nie pasują do rzeczywistości większości naszego kraju o wymiarze kontynentalnym.

Treści takie powstały w krajach o umiarkowanym klimacie, gdzie w rzeczywistości pory roku są wyraźniej określone, na przykład w zimie występuje śnieg. Inne czynniki, które zawsze znajdujemy w naszych książkach i których nie obserwujemy w większości naszego kraju to opadające jesienią liście, kwiaty tylko na wiosnę i intensywne upały w lecie.

Punktem największej zgodności między takimi opisami edukacji na półkuli północnej a zjawiskami występującymi w naszym kraju jest właśnie wysoki upał w lecie, jednak istnieją niezgodności z przepisami, ponieważ w niektórych regionach najwyższa częstotliwość występowania upałów nie pokrywa się dokładnie z nadejściem lata, a więc rok po roku, mimo że ludzie mylnie myślą, że około 21 grudnia w Brazylii zaczyna się lato.

W południowych i południowo-wschodnich regionach Brazylii zasady te mogą być doskonale stosowane, ponieważ na południu widzimy śnieg i grad, często w zimie, a lato jest naprawdę najgorętszą porą roku. Istnieją jednak zjawiska astronomiczne, które tłumaczą zwiększone upały na długo przed i długo po dacie oficjalnego lata w Salwadorze, stolicy stanu Bahia.

To zdrowy rozsądek, żebyśmy żyli w kraju tropikalnym, a ten stan jest rozumiany przez społeczeństwo jako miejsce zawsze słoneczne. Nie jest to oderwane od rzeczywistości obserwowanej w naszym kraju, ale ujawnia ogromny brak, jeśli weźmiemy pod uwagę dane techniczne dotyczące występowania światła słonecznego w różnych regionach i datach w naszym kraju i wielki czas pomiędzy tymi zjawiskami, aby uogólnić, w prosty sposób, mamy lato, które trwa cały rok.

Brazylia jest krajem o wymiarach kontynentalnych, jest krajem, który ma być "odcięty" od równika i jednym z jego równoległych, Zwrotnik Koziorożca. Wymiary te z pewnością wymagają stworzenia lokalnej literatury w celu wsparcia postrzeganych różnic i błędnych przekonań, jakie można znaleźć w używanej tu literaturze importowanej.

Częściowo wynika to z faktu, że nie mamy śniegu na południe na daleką północ kraju, większość jego masy lądowej, więc. Rozumiemy, że nie powinno to być powodem do zniekształcenia sezonu zimowego, który jest dobrze odczuwalny w południowej połowie odległości między równikiem a Zwrotnikiem Koziorożca, nieco większej szerokości geograficznej na północ od Salwadoru. Dla kontrastu, możemy przypomnieć, że na biegunach ziemi, dokładnie tam, gdzie zgodnie z oficjalnymi zasadami, pory roku są bardziej intensywne, należy ustawić, a następnie cały rok zimy tylko dlatego, że przez cały rok znajdujemy lód? Ta i inne kwestie prowadzą nas do konieczności wprowadzenia lokalnych przepisów.

Z pewnością o wiele wygodniej jest stosować jedną zasadę, jakby to było właściwe, dla całego świata lub całego kraju, aby wypracować specyficzną naukę, że mieszkańcy każdej miejscowości rozumieją mechanizmy występowania Słońca w swoich regionach, podobnie jak niektóre bardziej rozwinięte kraje, nauczając, od szkoły podstawowej, stosowania modeli planetarnych do prawidłowej obserwacji ruchów Ziemi, na przykład.

Inną ciekawą inicjatywą, która może pomóc w zrozumieniu tematu jest produkcja komputerowych symulatorów ruchów planet przez Nebraska Astronomia Applet Project - NAAP lub Astronomia Project na Uniwersytecie Nebraska-Lincoln - UNL w Stanach Zjednoczonych. Na następnych stronach wykorzystamy kilka obrazów, wykonanych z uchwyconych statycznych momentów tych symulatorów, aby lepiej zrozumieć naszą dyskusję.

Dzięki nowoczesnym środkom przechwytywania i przepływu informacji, poza wkładem zasobów wideo i informacji, coraz bardziej obecne, nie uzasadniają powtarzania zdezintegrowanej wiedzy o własnej rzeczywistości.

Zauważamy, że istnieje trudność w zastosowaniu koncepcji stacji w miejscach międzywrotnikowych, zgodnie z tym, czego uczą nas najbardziej uważni naukowcy. W takim razie trzeba o to zapytać:

Jaki jest czas trwania pór roku w Salwadorze, biorąc pod uwagę cztery pozycje astronomiczne Ziemi, występowanie dwóch zenitów słonecznych w roku i jego rozkład pogody?

Praca ta ma na celu zaproponowanie nowych zasad na cztery pory roku w miejscach międzywrotnikowych ze względu na występowanie słońca dwa razy w roku w tych regionach, obserwując podejście i odległość od zenitu słońca.

Z fundacjami w ogóle, zamierzamy:

a) Przedyskutować ze środowiskiem akademickim w regionie możliwość stworzenia lokalnych zasad dla lepszego i bardziej precyzyjnego opisu pór roku w Salwadorze;

b) Sugerować, że dwa pierwsze prawa Keplera w opisie wydarzeń astronomicznych, które wzmacniają poczucie lata w naszej stolicy, przyczyniają się do jej przedłużenia;

c) Sprzyjanie debacie umożliwiającej środowiskom akademickim różnych regionów, a dokładniej ich pór roku, obserwację czterech pozycji astronomicznych planety, zenitu słonecznego i jego warunków klimatycznych.

Założenia:

W edukacji twierdzi się, że wyuczone treści mają ściślejszy związek z lokalną rzeczywistością, w przeciwnym razie utrudniają faktyczne budowanie wiedzy. W Salwadorze, obserwacja jego mieszkańców pokazuje zupełnie inną rzeczywistość nauczaną w używanych podręcznikach.

Ta niespójność wynika z faktu, że pierwszy pasaż słońca nad miastem Salwador ma miejsce w pobliżu 27 października, który jest bardzo gorący, gdy jest jeszcze wiosna (przybliżona data 21 września według oficjalnych zasad), a drugi w przybliżeniu 15 lutego, co czyni go zbyt gorącym, co byłoby naszą jesienią (przybliżona data 21 marca według oficjalnych zasad).

Studiując go, dopiero po ukończeniu szkoły średniej, fakt, że dla nas wystąpił w późniejszym wieku niż zwykle, ze względu na obowiązki zawodowe, zdaliśmy sobie sprawę, że nawet przy wysiłku dobrego nauczyciela geografii, jaki wówczas mieliśmy, większość kolegów nie rozumiała logiki ruchu translacyjnego z nachyleniem wyobrażonej osi wzdłużnej Ziemi, która tworzy cztery astronomiczne pozycje planety.

Nauczyciel symulował ruch rąk i gumki, co jednak jest cechą charakterystyczną w trzech wymiarach - 3D, a nawet wtedy ludzie odpowiadali na pytania zadawane na ten temat, biorąc pod uwagę grafiki używane zawsze w pierwszej kolejności: wewnętrzny śnieg w oficynie, inny ze słońcem na niebie, inny z Florydą na zewnątrz i wreszcie czwarty dom otoczony suchymi liśćmi.

Co prawda, dla tych, którzy nie rozumieli ruchu, nadal nie rozumieli, dlaczego pory roku występują, a większość ludzi na pewno pasuje do tego stanu. Z pewnością przyczyny pór roku o wiele łatwiej jest zrozumieć z jakąś funkcją 3D, czy to wideo czy model fizyczny, a kiedy mówimy o wideo, nie sugerujemy nowoczesnej technologii 3D, która wymaga specjalnych okularów, ale tylko konwencjonalnych, aby pokazać ruch. (Nie wyklucza to możliwości wdrożenia tej nowoczesnej technologii, gdyby powstały jakieś materiały edukacyjne).

Oczywiście, szukając tylko zdjęć ziemi w jej czterech pozycjach, ale także patrząc na zdjęcia domów o warunkach klimatycznych, które nie występują na większości terytorium naszego kraju, a tym bardziej w Salwadorze, niektórzy studenci mogą mieć trudności ze zrozumieniem tematu, ponieważ większość osób, które nie rozumieją dobrze, dlaczego występują pory roku.

Rozumiejąc ruchy planety, cztery pozycje astronomiczne i cztery pory roku związane z obserwacją lokalnych warunków pogodowych, na pierwszy plan wysunął się temat: Dlaczego tradycyjnie zaczynają się one w swoich kulminacyjnych datach? Przecież następnego dnia pozycja ta zostaje opuszczona, więc być może lepiej byłoby zdefiniować, że jako pory roku, czyli synonimy porcji czasu lub "części" roku, zostały one określone w ciągu sześciu tygodni przed półtora miesiąca po datach kulminacyjnych. Mielibyśmy więc sezon letni rozpoczynający się sześć tygodni przed przesileniem, trwający do półtora miesiąca później. Tak więc byłoby to bardziej poprawne, ponieważ nawet w połowie lata, środek sezonu byłby jego najmocniejszą stroną, a nie jego początkowe dni, jak to się zwyczajowo mówi.

Dla jasności i zrozumienia trzeba by zobaczyć, że cztery daty kulminacyjne miały miejsce w wyimaginowanym czworoboku, w którym zapisana jest elipsa orbity ziemskiej, a każda data kulminacyjna znajduje się w środku każdego boku tego czworoboku. Zamiast ustalać, że zaczynają się one w środku boków czworokąta, bardziej właściwe byłoby ustalenie, że zaczynają się i kończą po przekątnej tego samego czworokąta, czyli dokładnie w środku między jednym położeniem a drugim astronomicznym.

Wyobrażamy sobie, że może to być teza do obrony na uczelni, biorąc pod uwagę naszą niewielką wiedzę akademicką w tamtym czasie, ponieważ słyszeliśmy, że w szkolnictwie wyższym ludzie bronili tez, co powinno przekonać panel do jakiegoś innowacyjnego argumentu.

Rozumiemy dziś, że ta pierwsza obawa jest wynikiem zwykłej konwencji, która oczywiście się nie zgadza. Jednakże, podczas gdy konwencja jest, nie ma sporu co do jakiegokolwiek argumentu naukowego lub technicznego, a takie procedury lub zasady zostałyby zmienione jedynie poprzez stworzenie nowej konwencji, co zdecydowanie nie jest naszym celem w tej pracy.

Wystarczy wejść do świata akademickiego kilka lat później, w zupełnie inny sposób badając i obserwując zjawiska lądowe, takie jak fizyka czy geografia.

Po ukończeniu niektórych studiów licencjackich i magisterskich w różnych dziedzinach, pojawiają się nowe obawy z oczywistym faktem, że słońce zwrócone jest prostopadle do naszego miasta dwa razy w roku i dlatego powinno być, w tym okresie, lub pomiędzy dwoma przejściami gwiazdy królewskiej, powinno być uznane lato w naszym mieście. Tak narodziła się teoria o zenicie słonecznym.

Po Państwa pisaniu i dyskusji z niektórymi osobami z tego obszaru, zwracamy uwagę na tekst kompetentnej uczelni, Federalnego

Uniwersytetu Bahia - UFBA, który został niezwłocznie zaakceptowany przez Instytut Fizyki - IF i Instytut Nauk Geologicznych - IGEO, gdzie odbywały się wykłady i prezentacje w celu ujawnienia jego treści.

W przeszłości matematyk starożytnej Grecji, zwany Erathóstenes, mierzył ziemię, aby zauważyć, że studnia w mieście zwanym Syene, w starożytnym Egipcie, miał Słoneczny Zenit w przesileniu letnim (nie było cienia) i latarni morskiej Aleksandrii był cień z pewnym nachyleniem w tym samym dniu w roku 250 p.n.e. Z prostą zasadą trzech, możliwe było określenie obwodu ziemi (już wcześniej zdał sobie sprawę, że jest okrągła, a Galileusz został prawie spalony przez Inkwizycję, potwierdzając w 1611 r., czyli 1861 r., swoją heliocentryczną teorię).

Majowie, jedna z cywilizacji mezoamerykańskich lub prekolumbijskich, zaobserwowali również występowanie równonocy i przesilenia, sprawdzone przy budowie ich świątyń i pałaców. Inkowie również zaobserwowali te same zjawiska, co można dziś sprawdzić w świątyni trzech okien, gdzie słońce świeci na równonocy i przesileniu.

Byłoby o wiele bardziej pożyteczne, gdyby osoby o różnych cechach i technologiach, po rozpoczęciu nauki w instytucji edukacyjnej, zrezygnowały z opanowania tych podstawowych umiejętności.

Dlatego proponujemy stworzenie lokalnej literatury, nie tylko w Salwadorze, ale w różnych regionach międzywrotnikowych, tak aby fakty i warunki klimatyczne tych miejsc zostały przedstawione w podręcznikach, unikając oderwania się od oficjalnych zasad powodujących nieporozumienia u tych, którzy uczą się tego przedmiotu w szkołach lub na uniwersytetach.

Oficjalne zasady powinny być nauczane z niezbędnymi zastrzeżeniami, które zostały stworzone i skierowane do krajów strefy umiarkowanej i polarnej, a nie do innych, jak to najwyraźniej jest w podręcznikach naszego kraju, biorąc pod uwagę narzucanie literatury importowanej, od czasów kolonialnych.

Wraz z nowoczesnym przepływem zasobów informacji i pojawieniem się komputerów i wideo dostępnych w szkołach i na uczelniach wyższych, społeczności akademickie różnych miejscowości powinny decydować o tym, jak długie są ich pory roku w oparciu o cztery pozycje astronomiczne, obserwację zenitu słonecznego (która odbywa się corocznie w całej strefie tropikalnej) i jego warunki klimatyczne.

Biorąc pod uwagę szerokość geograficzną naszej stolicy (12° 58' 16" szerokości geograficznej południowej), upał przychodzi na długo przed datą lata na półkuli południowej (~ 21[1]grudnia), pozostającą do czasu po dacie równonocy, kiedy to reguła mówi, że już jest jesień (~ 21 marca).

Niektóre zjawiska astronomiczne potwierdzają niepoprawność reguł panujących w danym miejscu jako występowanie Słońca przecinającego południk dwa razy w roku, oprócz zniekształceń czasowych spowodowanych przez analemię słoneczną, które można wyjaśnić prawami Keplera.

Nasze podręczniki nie odnoszą się do tych różnic i zwykle uczą koncepcji obowiązujących w krajach położonych w strefach umiarkowanych lub położonych dalej na północ od Zwrotnika Raka, lub bardziej na południe od Zwrotnika Koziorożca. Na północy możemy wspomnieć, że w całej Ameryce Północnej i w całej Europie, oprócz Japonii, znajdują się w tych miejscach i kraje te mają przewagę gospodarczą lub językową. Na południu należy pamiętać, że w południowych i południowo-wschodnich regionach Brazylii znajduje się

[1] Dokładne daty zjawisk przesilenia, równonocy, afeułu i perihelulu w latach 2000-2020 można znaleźć w specjalnej tabeli na stronie internetowej United States Naval Observatory (Obserwatorium Marynarki Wojennej Stanów Zjednoczonych - USNO) dostępnej na stronie: http://www.usno.navy.mil/USNO/astronomical-applications/data-services/earth-seasons.

większość ludności, największe uniwersytety i największa potęga gospodarcza.

W miejscach, gdzie zjawiska są bardzo różne, należy uczyć się lokalnych zasad, zawsze przestrzegając standardu, który służy jako odniesienie do jego zgodności z czterema pozycjami astronomicznymi Ziemi i masą terminów jesiennych, zimowych, wiosennych i letnich, oznaczających potrzebę opracowania konkretnych treści o "porach roku" w różnych miejscach pomiędzy tropikami.

Metodologia zastosowana w tych badaniach jest scharakteryzowana jako literatura, ponieważ zawiera części, które interpretują zapytania do tekstów w celu wsparcia wcześniejszej teorii opisanej na omawiane tematy.

W odniesieniu do rozwiązania problemu, niniejsze opracowanie ma formę badań stosowanych, ponieważ jego celem jest wygenerowanie wiedzy, która może być przydatna w praktyce i rozwiązanie konkretnych problemów związanych z faktami i lokalnymi interesami.

W zależności od celów, praca ta może być scharakteryzowana jako badanie wyjaśniające, ma na celu zidentyfikowanie czynników, które determinują lub przyczyniają się do występowania zjawisk w celu pogłębienia wiedzy o rzeczywistości.

Tematem tej pracy jest pokazanie, że zasady pór roku nie są doskonale stosowane w wielu miejscowościach naszego kraju, powołując się na przykład Salwadoru, stolicy stanu Bahia, a także proponując nowe zasady na okres czterech pór roku w Salwadorze.

Omówienie tej możliwości jest tym, co proponuje ta praca, podzielona na trzy rozdziały. Pierwszy z nich przedstawia historię pór roku za pośrednictwem różnych autorów, ukazując postęp w miarę upływu czasu w miarę dokonywania się nowych odkryć astronomicznych. Koncentruje się również na sezonach, jak konwencjonalnie i jego treści nauczane na całym świecie przy wsparciu obrazów produkowanych przez stronę internetową Obserwatorium Marynarki Wojennej Stanów Zjednoczonych Ameryki (USNO) oraz Uniwersytet Nebraski symulatorów Lincoln - UNL, sięgając do najbardziej aktualnej literatury przedmiotu.

Rozdział drugi zawiera wykształcenie ogólne, a w szczególności na ten temat: "stacje roku", łącząc niektóre z wiodących myślicieli edukacji z tematem, a także podkreślając pochodzenie treści naszych podręczników.

Rozdział trzeci przedstawia rozważania na temat pór roku w Salwadorze, ukazując niespójność pomiędzy oficjalnymi regułami a rzeczywistością obserwowaną w naszej stolicy, na temat innych zjawisk astronomicznych, które przyczyniają się do jeszcze większego oddalenia, na temat faktów z oficjalnej literatury i innych ciekawostek na ten temat w innych miejscach, umieszczając tabele na temat maksymalnych i minimalnych temperatur miast w różnych regionach.

Wreszcie, wnioski z badania, przedstawiające pewne przesłanki dla wyjaśnienia zaobserwowanych niespójności.

1 PRZEGLĄD LITERATURY - SEZONY

Do skonstruowania tego opracowania wykorzystaliśmy specyficzną literaturę przedmiotu w celu ustalenia kontrapunktów między poszczególnymi autorami; między nimi a zjawiskami astronomicznymi i różnicami regionalnymi miejscami pomiędzy tropikami, ukazując uprzedzenia, na które autor zwraca uwagę. Ramy teoretyczne tej pracy mają dwa główne filary: jeden dotyczący pomocy i zrozumienia pór roku, zasad i historii, a drugi dotyczący edukacji w ogóle, jak i w szczególności na temat edukacji.

Zaobserwuje się także inną literaturę techniczną, jak np. podejścia Kepler Laws do zrozumienia niektórych ruchów naziemnych, a także elementy konstrukcji treści teoretycznych naszych podręczników, aby pokazać ich lekceważenie dla rzeczywistości i brazylijskiej pluralizmu.

Zrozumcie, że wykład kilku brazylijskich miast musi zostać opracowany w celu rozważenia tej sprawy i zaproponowania nowych standardów dla sezonów w regionach międzywrotnikowych, w zależności od faktów i zjawisk astronomicznych jest to celem tej pracy.

1.1 PORY ROKU - KRÓTKA HISTORIA

W starożytnej Grecji powszechne było wykorzystywanie mitów do wyjaśniania faktów lub zjawisk naturalnych. Stały się one znane dzięki tradycji ustnej, przekazywane z pokolenia na pokolenie i studiowane do dnia dzisiejszego, pod tytułem mitologii greckiej lub grecko-rzymskiej, w zależności od lokalizacji każdego z nich.

Dla kontekstu tej pracy i lepszego zrozumienia historycznego kontekstu tematu "pory roku" niezbędny jest krótki opis postaci i znaczenia Demeter, bogini rolnictwa dla mieszkańców starożytnej Grecji.

Historia Demeter związana jest z historią cywilizacji, ponieważ kiedy człowiek uczy się sadzić i uprawiać ziemię, przestaje wędrować w poszukiwaniu pożywienia, które zapewnia wygląd miast lub państw.

W piątym wieku p.n.e., jego kult został wprowadzony w Rzymie, aby uwolnić lud od głodu. Została ona zidentyfikowana jako Ceres, starożytna bogini łaciny, stając się boginią ziarna, zwłaszcza kukurydzy i pszenicy. W obu kulturach jest ona związana z cyklami natury.

Niezależnie od tego, że był nękany przez kilku innych bogów i mężczyzn, Neptun, który nie przyjął odmowy, przebrał się wśród koni i pod tym przebraniem był właścicielem Demeter. Z tego związku wyszły dwa stworzenia, szybki koń, który mówił i przepowiadał przyszłość, zwany Arião, i Despina, nimfa.

Pewnego dnia córka Demeter została porwana przez Hadesa, Władcę Zmarłych i zabrana przez niego w głębiny, gdzie stała się Persefoną lub Proserpiną, królową zmarłych. Ponieważ bogini cykli natury była bardzo smutna, zrezygnowała z jego obowiązków powodując suszę na ziemi, zwierzęta umarły, a głód ogarnął ludzi na ziemi.

Widząc, co się stało, Zeus nakazał Hadesowi oddać córkę Demeter, jednak już wcześniej zjadła kilka nasion, które uczyniły z niej królową zmarłych, powinna rządzić wraz z mężem na zawsze. Następnie zawarto porozumienie, które zostało zaakceptowane przez obie strony. W ten sposób Persephone spędziła część roku ze swoją matką, a druga z mężem. Kiedy była z matką, była szczęśliwa, kwitnące pola, kwiaty i uprawy, generując dużo w ziemi, co zbiegło się z tym, co jest znane dzisiaj na wiosnę i lato. Kiedy to minęło sześć miesięcy z mężem, królowa zboża była smutna, potem ziemia skurczyła się, liście obumarły i nic nie zakwitło, co zbiegło się z tym, co dzisiaj znane jest z jesieni i zimy.

W czasach Cesarstwa Rzymskiego rok był podzielony tylko na dwie stacje bazowe: patrz (lub veris), dobra pogoda, pora kwitnienia i owocowania oraz hiemy (lub hibernus tempus), zła pogoda, pora deszczowa i zimno.

Stopniowo wielki okres objęty nazwą veris zaczął dzielić się na trzy: primo vere, veranus tempus i aestivum. Spójrzmy na pochodzenie i znaczenie:

A - *Primo vere*: zasada dobrego sezonu (odpowiadała pierwszym 2/3 naszej wiosny).

B - Veranum tempus: okres owocowania (odpowiadający końcowi wiosny i początkowi naszego lata).

C - Aestivum: lato (odpowiadało końcowi bieżącego lata).

D - Hiems, stacja pogodowa, również podzielona na tempus jesienny i tempus hibernacyjny:

E - *Veranum tempus*: czas zachodu słońca (odpowiada naszej jesieni).

F - *Tempus hibernus*; czas do hibernacji (odpowiada naszej zimie).

Do XVI wieku kraje europejskie przyjęły te pięć wzorów pór roku: wiosna, lato, lato, jesień i zima. W tym samym czasie, w Chinach, każda z tych stacji była połączona z elementem. Lato z ogniem, zima z wodą, wiosna z drewnem, jesień z metalem i lato z ziemią.

W Indiach były to tylko trzy pory roku, sucha i gorąca (trwająca od marca do czerwca), kolejna sucha i chłodna (trwająca od grudnia do lutego) oraz pora deszczowa (trwająca od czerwca do listopada).

Dopiero od XVII wieku rozpowszechnił się system czterosezonowy, zainspirowany możliwością podziału roku na cztery równe segmenty, zgodnie z czterema pozycjami astronomicznymi, które są skonfigurowane i reprezentowane przez dwie równonocy (równonoc wiosenna i równonoc jesienna) oraz dwa przesilenia (przesilenie zimowe i przesilenie letnie).

1.2 PORY ROKU - TEORIA

Pory roku występują na całym świecie z powodu nierównego nachylenia ~23,45° jego wyimaginowanej osi wzdłużnej. Aby oddać się wokoło słońca, utrzymując zbocze przez całą drogę w formie elipsy, umieszcza się je w czterech różnych pozycjach, Cztery Pory Roku, znane jako lato, jesień, zima i wiosna.

Lato na półkuli południowej, które jest również początkiem zimy na półkuli północnej, nastąpiło 21 grudnia. W tym dniu półkula południowa otrzymała większą jasność Słońca, które skupiło się bezpośrednio na Zwrotniku Koziorożca, co powoduje wasze lato, a półkula północna, mniejszą jasność, ustawiając waszą zimę, biorąc pod uwagę nachylenie osi podłużnej. Pozycja ta nazywana jest przesileniem: przesilenie letnie dla całej półkuli południowej i przesilenie zimowe dla całej półkuli północnej. Poniższe zdjęcia są dostarczane przez Obserwatorium Marynarki Wojennej Stanów Zjednoczonych - USNO.

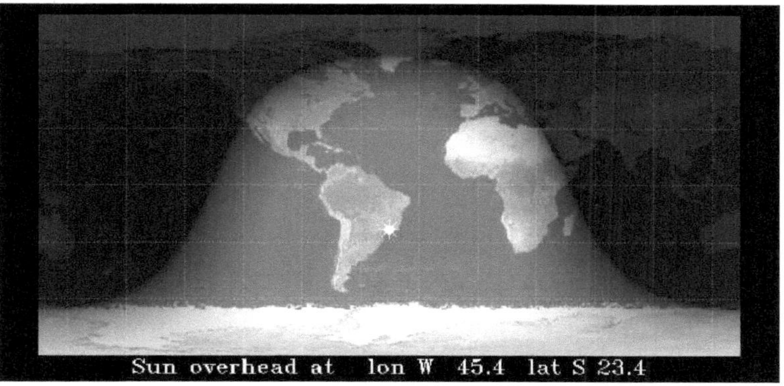

Rysunek 01 - Położenie słońca w przesileniu letnim na półkuli południowej (21/12/2009).
Źródło: http://www.usno.navy.mil/USNO/astronomical-applications/data-services/earthview

Około dziewięćdziesiąt dni później, 20 marca następnego roku, była inna pozycja, znana jako równonoc, kiedy słońce świeci dokładnie, lub zenit[2], nad równikiem, równoważąc ilość promieniowania słonecznego dla dwóch półkul, która pochodzi z południa, przed jego zimą i wiosną na północy, przed jego latem:

[2] Zenit, co oznacza: punkt, w którym pion miejsca jest kulą niebieską; najwyższy punkt; szczyt: osiągnąć zenit. Dlatego, "Zenit Słoneczny" jest wtedy, gdy słońce jest dokładnie nad naszymi głowami w pionie lub skupia się na konkretnym punkcie, lub jak mówi powiedzenie, "the noonday słońce". Dostępny na stronie: http://www.dicio.com.br/zenite_2/

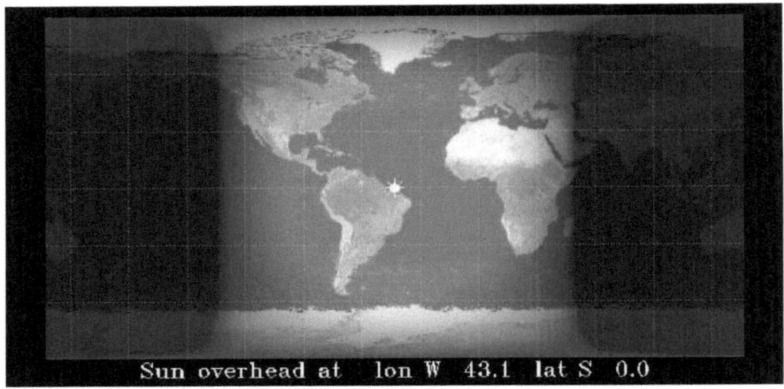

Rysunek 02 - Położenie słońca w równonocy południowej półkuli jesienią (20/03/2010). Źródło: http://www.usno.navy.mil/USNO/astronomical-applications/data-services/earthview

W kolejnym powracającym kwartale, czyli około dziewięćdziesięciu dni później, 21 czerwca, nastąpiło kolejne przesilenie, odwracające warunki oświetlenia słonecznego obu półkul w stosunku do poprzedniego przesilenia: przesilenie letnie na północy i przesilenie zimowe na południu, pamiętając zawsze, że wynika to z nachylenia osi podłużnej planety, gdyż w tym czasie półkula północna otrzymuje więcej światła słonecznego, które koncentruje się bezpośrednio na Zwrotniku Raka:

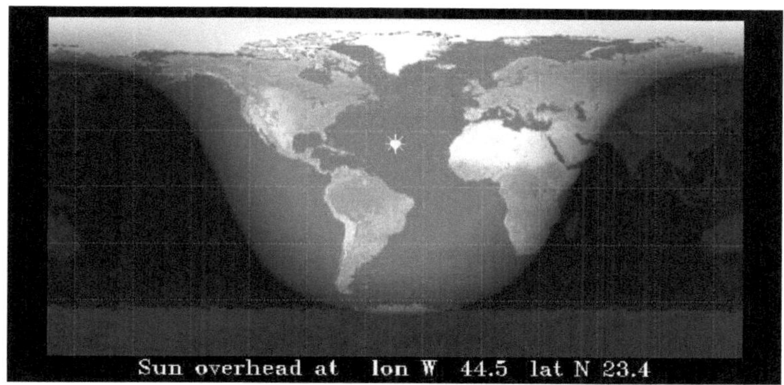

Rysunek 03 - Pozycja Słońca na półkuli południowej w przesileniu zimowym (21/06/2010).
Źródło: http://www.usno.navy.mil/USNO/astronomical-applications/data-services/earthview

W czwartej i ostatniej pozycji astronomicznej, 23 września, była jeszcze jedna równonoc, Słońce ponownie skupiające się na Ekwadorze, równoważąc ponownie ilość promieniowania słonecznego dla dwóch półkul, co powoduje, w odwrotnym kierunku do poprzedniej równonocy, jesień dla półkuli północnej, przed nim zima i wiosna dla półkuli południowej, przed nim lato ze słońcem w zenicie ponownie skupiającym się na Ekwadorze[3]:

---

[3] Stopnie i ułamki USNO w stopniach i ułamkach dziesiętnych z dokładnością do jednego miejsca po przecinku, z taką samą szerokością geograficzną jak długość geograficzną, są mało dokładne do zlokalizowania danego miasta. Najbardziej użyteczne z tych obrazów jest pokazanie, że słońce skupia się tylko na zenicie pomiędzy tropikami i nie ma zastosowania poza nimi zarówno na północy, jak i na południu, gdzie znajdują się kraje dominujące, które są wspierane przez oficjalne przepisy czterech pór roku. Przy zróżnicowanym systemie występowania słońca, dwa razy w roku pomiędzy tropikami, istnieje wyraźna potrzeba zróżnicowania standardów dla pór roku w tych miejscach. Kompletną prezentację, z każdym dniem roku, która doskonale pokazuje ruch słońca w każdym dniu roku, można znaleźć na stronie: http://www.veraodabahia.blogspot.com.br w poście "Dane z Obserwatorium Marynarki Wojennej USA" lub bezpośrednio pod linkiem: http://www.mediafire.com/?fxpx2y8an9v3wjw.

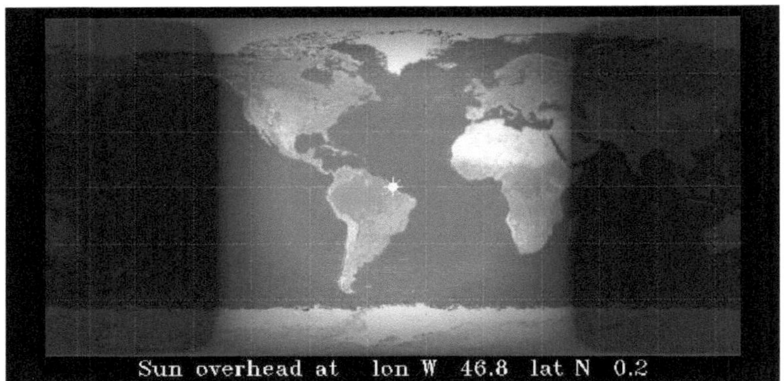

Rysunek 04 - Pozycja Słońca w równonocy na półkuli południowej wiosną (23/09/2010). Źródło: http://www.usno.navy.mil/USNO/astronomical-applications/data-services/earthview

Na zakończenie roku lub ruchu translacyjnego, planeta powraca do 21 grudnia, mówiąc warunki już opisane dla tej pozycji i daty: półkula południowa otrzymuje więcej światła ze słońca, które koncentruje się bezpośrednio na Zwrotnik Koziorożca, ustawiając tym samym swoje lato, a północna półkula jest na niższym poziomie jasności, ustawiając zimę:

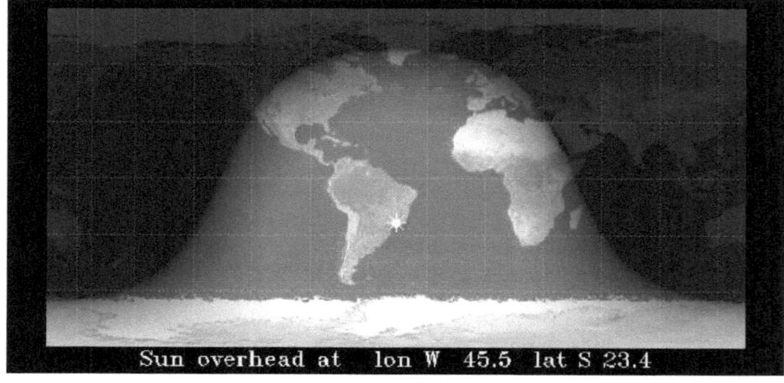

Rysunek 05 - Położenie słońca w przesileniu letnim na półkuli południowej (21/12/2010).

Źródło: http://www.usno.navy.mil/USNO/astronomical-applications/data-services/earthview

Pory roku są również skonfigurowane przez wzorce pogodowe, co powoduje, że między tropikami, przy niewielkich wahaniach temperatury i dominacji Słońca, w tym obserwacji występowania zenitu słonecznego dwa razy w roku, mają swoje zastosowanie lub zaburzenia obserwacji.

Stacje są więc obserwowane, a ich różnice są bardziej określone w regionach pozatropowych lub umiarkowanych, tj. powyżej 23° 26' 37" szerokości geograficznej północnej, lub poniżej 23° 26' 37" szerokości geograficznej południowej, stając się maksimum biegunów, jak twierdzi prof. Oliveira Kepler, Instytut Fizyki Federalnego Uniwersytetu Rio Grande do Sul - UFRGS.

Pory roku są wyznaczane przez szereg czynników, wśród których głównym jest oczywiście położenie Słońca w stosunku do wyimaginowanych kręgów równikowych i tropikalnych.

Należy zauważyć, że dla celów niniejszego opracowania należy pamiętać, że pory roku są określane na planecie przez występowanie zenitu słonecznego na wyimaginowanych liniach równika oraz Zwrotnika Raka i Koziorożca.

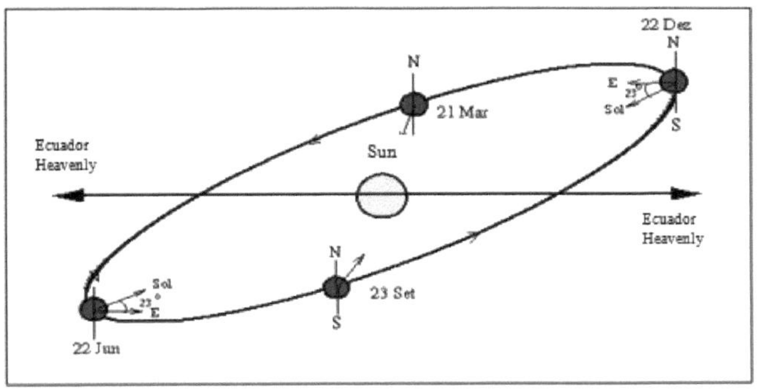

Rysunek 06 - Zestawienie czterech pozycji astronomicznych Ziemi. Źródło: http://astro.if.ufrgs.br/tempo/mas.htm

W odniesieniu do szerokości geograficznych i zdarzeń wymienionych powyżej, Słońce świeci prostopadle na równiku, uzgodnione 0 ° szerokości geograficznej, począwszy od równonocy wiosennej na półkuli południowej w jego ruchu w kierunku południowym, 22 września do skupienia się prostopadle około trzy miesiące później, 21 grudnia, na Zwrotnik Koziorożca, który jest 23° 26' 37 "szerokości geograficznej południowej, który jest najdalszym punktem równika, w którym skupia się na planecie, na południe. Następnie, powracając w swoim ruchu w kierunku północnym, spada prostopadle 20 marca, ponownie na równik, czyli 0° szerokości geograficznej, i 21 czerwca, na Zwrotnik Raka, czyli 23° 26' 37"[4] szerokości geograficznej północnej, a więc przez cały rok, zawsze stanowi "ścieżkę" pomiędzy północą a południem.

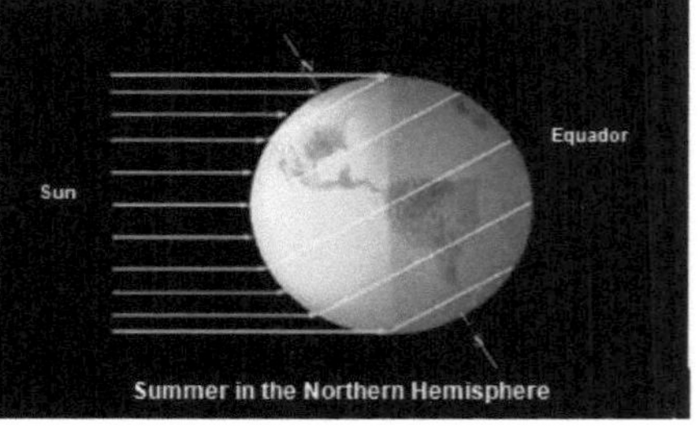

[4] Szerokość geograficzna: Jest to odległość do równika mierzona wzdłuż południka Greenwich. Odległość ta jest mierzona w stopniach, w zakresie od 0° do 90° długości geograficznej północnej lub południowej: Jest to odległość do południka Greenwich, mierzona wzdłuż równika. Odległość ta jest mierzona w stopniach, w zakresie od 0° do 180° na wschód lub zachód. Źródło: http://www.cienciaviva.pt/latlong/anterior/gps.asp

Rysunek 07 - Położenie Ziemi w przesileniu letnim na półkuli południowej i północnej.
Źródło: http://astro.if.ufrgs.br/tempo/mas.htm

1.3 SEZONY - BIEŻĄCE ZALICZKI

Uproszczeniem byłoby stwierdzenie, że nie mamy zimy lub, w północno-wschodniej Brazylii, że jest lato przez cały rok, ponieważ oznaczałoby to standaryzację naszego regionu z wykorzystaniem innych cech.

Brakuje zatem potrzeby standaryzacji dla różnych regionów, co widać zarówno w odniesieniach tutaj (w tej części), jak i w innych dostępnych na końcu tego tekstu.

Wybrane do tych cytatów, praca uważnych naukowców, jednak wiele z nich nie wspomina nawet o żadnych trudnościach w stosowaniu zasad do obszarów tropikalnych.

Z pewnością zanim spróbujemy unormować dany region, musimy przeprowadzić dokładne badania, aby zapewnić bardziej szczegółowe opracowanie właściwych przepisów, a następnie wyjaśnić takie treści w podręcznikach w całym kraju. Nasze sugestie pomiaru czterech pór roku w Salwadorze są następnie umieszczone w osobnym rozdziale.

Według prof. Oliveiry Kepler, Instytutu Federalnego Uniwersytetu Rio Grande do Sul / Instytutu Fizyki - UFRGS (2010):

> W Ekwadorze wszystkie pory roku są bardzo podobne: każdy dzień roku the słońce być nad the horyzont 12 godzina i 12 godzina pod the horyzont; the jedyny różnica być the wysokość the Słońce: 21:06 w the słońce krzyżować the południk na północ od the Zenit, w 23:09 the słońce krzyżować the południk na południe od the zenit, i the reszta the rok, ono krzyżować the południk między te dwa punkt. Dlatego wysokość słońca, w południe w Ekwadorze, nie zmienia się wiele w ciągu roku i dlatego nie ma dużej różnicy między zimą, latem, wiosną i jesienią. Gdy oddalamy się od równika, pory roku są bardziej wyraźne. Różnica staje się maksymalna na biegunach.

W odniesieniu do Salwadoru możemy powiedzieć, że mamy zimę (charakteryzującą się niższymi temperaturami, niebem z ciężkimi chmurami i deszczem) i upał nadchodzi na długo przed tym, jak powiedział letni urzędnik. Dla szerokości geograficznej lokalizacji 11° 43' 11" na północ lub od południa do szerokości 0° 00' 00" (Ekwador) powinniśmy rozważyć dwa lata (jeśli ich warunki klimatyczne to potwierdzają).

Od szerokości geograficznej 11° 43' 11" na północ lub południe do szerokości geograficznej 23° 26' 37" na północ lub południe (Tropikalny), powinniśmy rozważyć przynajmniej lato, od zenitu słonecznego do zenitu słonecznego, jak również będziemy rozmawiać o Salwadorze, ponadto.

Region Salwadoru (12° 58' 16") ma już odmianę w swoim fotoperiodu w postaci grafiki dostarczonej przez kurs geografii na Uniwersytecie São Paulo - USP:

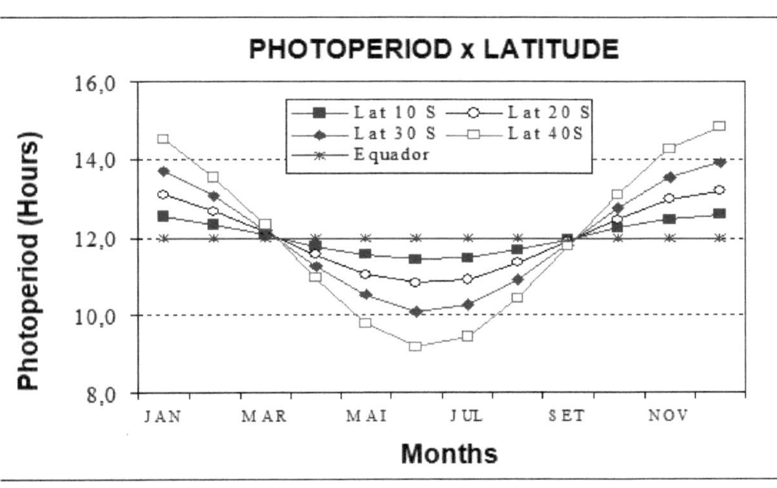

Rysunek 08 - Zmienność fotoperiodowa na południowych szerokościach geograficznych półkuli. Źródło: http://www.geografia.fflch.usp.br/graduacao/

Według prof. Gabrieli Cabral, zespół terenowy Brazil School (2010):

> Następnie okresy klimatyczne zostały oddzielone od przesilenia i równonocy, zjawisk astronomicznych, które ułatwiły ten podział. Na Zachodzie takie zjawiska pozwoliły podzielić się na cztery pory roku, a gdzie indziej są dwie, trzy lub pięć stacji, w zależności od kultury.

Jeśli stacje danego miejsca zależą od jego kultury, letni Salwador powinien być uznawany przez okres dłuższy niż tradycyjny, jako miasto turystyczne i stolica stanu Bahia, ma najdłuższą linię brzegową Brazylii z wodą w zachęcających temperaturach przez większość roku, więc istnieją naukowe dowody potwierdzające taką zmianę. Jednak to, co widzimy, to edukacja zgodna z kulturą kolonialną, która opowiada się za tym, by literatura importowana miała pierwszeństwo przed literaturą lokalną. Poniżej w osobnym rozdziale wyszczególniamy kwestie edukacji, które przenikają naszą pracę.

Również w odniesieniu do kultury, można zauważyć, że Salwador jest miastem o silnej kulturze muzycznej, będąc miejscem narodzin wielu artystów o krajowej i międzynarodowej renomie, które są obecne przed, w trakcie i po karnawale, który, ze swoją ruchomą datą wyznaczoną przez kalendarz gregoriański[5], występuje pod koniec oficjalnego lata, powodując poczucie, że ten sezon, tutaj w naszej stolicy, jest większy niż inne stacje jest większy niż lato gdzie indziej.

---

[5] Kościół rzymskokatolicki wydał certyfikat wydany przez Kuratora Archidiecezji Salwadoru Bahia, Regionalnej Narodowej Konferencji Biskupów Brazylii - CNBB, w którym stwierdza się, że praca ta nie ma na celu modyfikacji ruchomych dat kalendarza gregoriańskiego. Certyfikat można zobaczyć na naszym Blogu, w sekcji "Powiązane linki", a dokładniej w linku: http://1.bp.blogspot.com/_z1hgZh7zf3c/SrPw0-g0qKI/AAAAAAAAABY/74mSaBqWIN4/s1600-h/Atestado+Arquidiocese.jpg

Jeśli chodzi o narzucanie edukacji kolonialnej, wspiera zespół Centrum Komunikacji Naukowej i Kultury oraz Program Nauczania na Uniwersytecie São Paulo - USP, São Carlos:

> W Brazylii, choć tradycyjnie wspomina się o czterech porach roku ze względu na dziedzictwo osadnictwa europejskiego, nie są one tak odmienne. Stacje w północnych stanach i na południu wyglądają inaczej. W stanach południowych łatwiej jest podzielić rok na cztery pory roku, ponieważ przyroda ma przewagę czterech pór roku. Już w północnych stanach Brazylii łatwiej jest podzielić rok na dwie pory roku: letnią i zimową lub deszczową i suchą, ponieważ jest to dominujące zachowanie przyrody na północy.

Oczywiście przekonanie, że tu, w naszej stolicy, mamy zimę, używając porównania ze standardami europejskimi lub z południem Brazylii, jest całkowicie błędne, chyba że koncepcja zimy to "pora roku, kiedy pada śnieg". Jeśli "pora roku z niższymi temperaturami", która wydaje się bardziej odpowiednia, spowodowana jest niższym promieniowaniem słonecznym ze względu na względne położenie czterech pozycji astronomicznych planety, to z pewnością mamy inną zimę w regionach umiarkowanych, a to oczywiście byłoby krótsze.

Przez analogię, nasz "czas najcieplejszego roku" jest bardziej rozległy, biorąc pod uwagę naszą szerokość geograficzną, która zapewnia dwie pozycje zenitu słonecznego i obserwowane warunki klimatyczne. Jak twierdzimy, że każdy region powinien mieć swoje pory roku inaczej, a na pewno różne regiony będą miały różne cechy, prawdopodobnie nie obserwować kwiaty w tym, co byłoby naszą wiosną (prawdopodobnie nie urzędnik) lub spadek suchych liści w tym, co byłoby jesienią.

Przy zwiększonym okresie letnim wyobrażamy sobie, że bardziej właściwe jest wyznaczenie pozostałych trzech stacji na krótkie okresy, aby kontynuować stosowanie koncepcji Czterech Pór Roku (podobnie jak czterech pozycji astronomicznych planety), niż stosowanie innej liczby, co spowodowałoby większą alienację u większości ludzi.

1.4 OD KEPLERA DO NEWTONA - ANALEMMA

Obserwując drogę Słońca między Północą a Południem zawsze o tej samej porze roku, nie znajdziemy prostej drogi, lecz podobną do projektowania liczby "ósemka", czyli zjawiska znanego jako The Analemma the Sol.

Jest to zjawisko, które można zaobserwować w różnych formach. Normalnie, astronomowie obserwują go w prawie każdej części planety, robiąc zdjęcia pozycji Słońca na niebie w różnych terminach w ciągu roku, zawsze w tym samym czasie. Sekwencja nakładających się na siebie zdjęć zawsze ujawnia formę czegoś w rodzaju "ósemki", czyli symbolu nieskończoności, który można zrozumieć, gdy badamy trzy prawa Keplera, a dokładniej dwa pierwsze.

Zjawiskiem tym można się również cieszyć do samego końca. Jest to bardzo dydaktyczny sposób, praktykowany w szkołach, polegający po prostu na przymocowaniu kija do podłoża i zaznaczeniu również podłoża, na którym znajduje się końcówka cienia tego kija przez cały rok, zawsze o tej samej porze dnia. Wynikiem połączenia cienia końcówek punktów kija na ziemi jest format liczbowy "osiem". Podobnie, można to zrobić z cieniami kija wbitego w boczną ścianę, aby wykorzystać promienie słoneczne przy wschodzie lub zachodzeniu, zawsze w tym samym wybranym czasie.

Aby zademonstrować wpływ analemmy słonecznej i jej związek z porami roku w Salwadorze, zamieścimy później analematykę prognozowaną na mapie w oparciu o dane USNO. Następnie obserwujemy demonstrację analemmy na niebie:

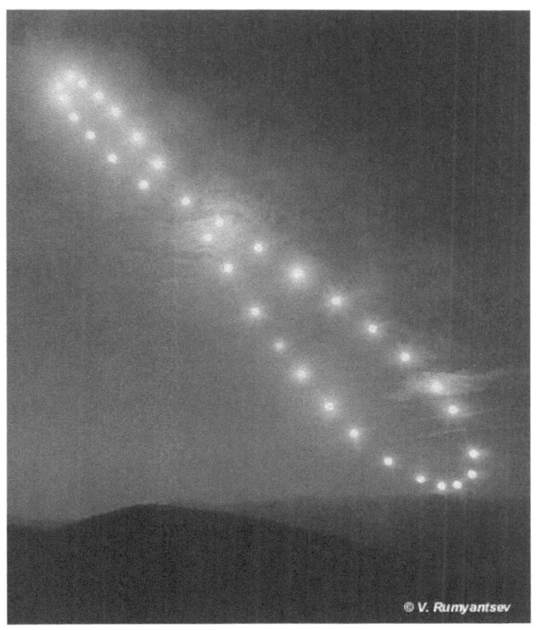

Rysunek 09 - Analiza widoków Słońca na Ziemię. Źródło: http://observatorio.info/2002/07/analema/

Johannes Kepler, niemiecki astronom (1571 - 1630), odkrył trzy prawa rządzące ruchem planetarnym, znane jako nowoczesne trzy prawa Keplera. Do zaprojektowania pierwszych dwóch wykorzystano kilka operacji trygonometrycznych, w których wykorzystano dane z obserwacji Marsa dokonanych przez innego ważnego astronoma o nazwisku Tycho Brahe, z którym współpracował Kepler.

Pierwsze z praw określających orbitę każdej planety to elipsa z Słońcem w jednym ognisku. Drugie wezwanie do prostego (wyimaginowanego promienia), łączącego Słońce z planetą, zmiata równe obszary w równych czasach.

Aby ułatwić zrozumienie studentów, University of Nebraska w Stanach Zjednoczonych - USA wyprodukował wiele symulatorów ruchów planet, poprzez swój Astronomiczny Nebraski Projekt Apletu - NAAP. Wykorzystamy tu kilka zdjęć symulatora zatytułowanego Symulator Orbity Planetarnej.

Na pokazanie pierwszego prawa, przejdź do następnego obrazu:

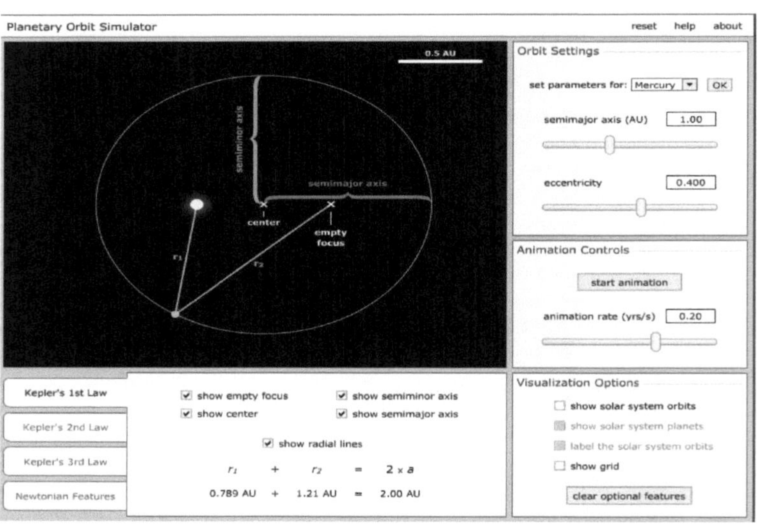

Rysunek 10 - Prawo Pierwszego Keplera. Źródło:
http://astro.unl.edu/classaction/animations/renaissance/kepler.html

Symulator pozwala na wstawienie, dla lepszej demonstracji za pomocą przycisku, środka elipsy, pustego ogniska, które znajduje się naprzeciwko Słońca względem tej elipsy, a także semimajora i semimenora lub większego i mniejszego promienia elipsy planety. Symulator rozpoczął już pokazywanie eliptycznej orbity planety

Merkurego, ponieważ posiada jedną z najbardziej ekscentrycznych elips, która pozwala na lepsze oglądanie.

Patrząc wstecz: pierwsze prawo mówi, że orbita każdej planety jest elipsą z Słońcem w jednym skupieniu, a nie kręgiem, jak wcześniej sądzono.

Poniższy obrazek przedstawia drugie prawo, ten sam symulator:

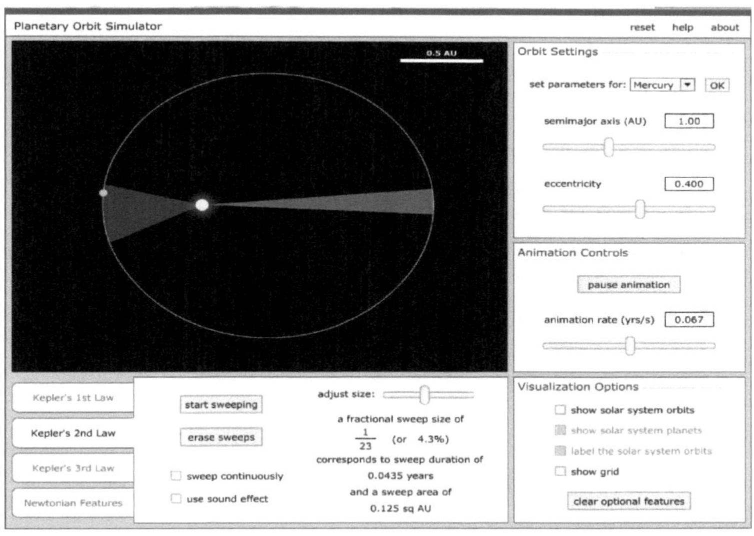

Rysunek 11 - Prawo Drugiego Keplera. Źródło:
http://astro.unl.edu/classaction/animations/renaissance/kepler.html

Kiedy planeta zbliża się do Słońca, "podróżuje" szybciej, a kiedy jesteś dalej, staje się wolniejsza na swojej eliptycznej drodze, a także w jej rotacji. Symulator pozwala na prześwietlenie obszarów pokrytych przez planetę w tym czasie jest wolniejszy i szybszy poprzez jednoczesne sprawdzanie odległości. Kiedy jest szybszy, w jednej chwili, bo oczywiście pokonuje większy dystans, niż kiedy jest wolniejszy.

Ciekawostką jest to, że drugie prawo zakreskowane obszary dwóch wyimaginowanych trójkątów utworzonych przez wyimaginowaną linię, która łączy ziemię ze słońcem, są równe, imponujące znalezisko dla tych obserwacji dokonanych gołym okiem.

W 1619 roku Kepler opublikował swoje dzieło zatytułowane Harmonices Mundi, gdzie heliocentryczne odległości planet i ich okresów są powiązane, ponieważ kwadrat okresu orbitalnego planet jest odwrotnie proporcjonalny do sześcianu średniej odległości planety od Słońca, znanego dziś jako jego trzecie prawo, odkrytego 15 maja 1618 roku.

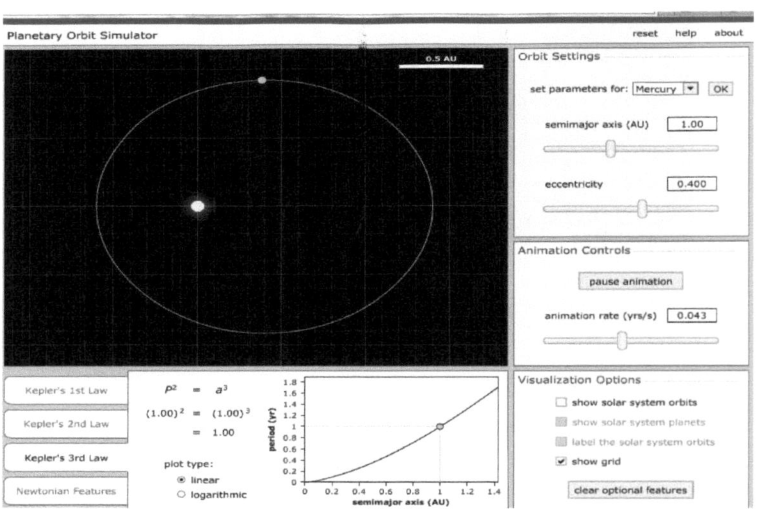

Rysunek 12 - Trzecie prawo Keplera. Źródło: http://astro.unl.edu/classaction/animations/renaissance/kepler.html

17 października 1604 roku Kepler zaobserwował nową gwiazdę (supernową) w gwiazdozbiorze Ophiucus obok Saturna, Jowisza i Marsa, którzy byli obok siebie. Zbadał również prawa rządzące przepływem światła przez soczewki i układy soczewek, w tym powiększenie, redukcję

obrazu, a jako dwie wypukłe soczewki mogą stać się większymi i wyraźnymi obiektami, choć odwróconymi, czyli początkiem teleskopu astronomicznego. W odniesieniu do Keplera, należy również wspomnieć o jego teleskopie astronomicznym i jego tablicach. Była to pierwsza, więc próba wyprowadzenia ruchów niebieskich z zakładanych przyczyn fizycznych.

Isaac Newton jeszcze bardziej zawęził więzi między fizyką a astronomią poprzez swoje Prawo Uniwersalnej Grawitacji. Po uświadomieniu sobie, że Ziemia przyciągnęła wszystkie obiekty, począwszy od malowniczego epizodu upadku jabłka, a stamtąd dochodząc do wniosku, że ta sama siła, która przyciągała obiekty do centrum Ziemi, utrzymywała księżyc na orbicie wokół Newtona, była w stanie wyjaśnić w jednej ramie teoretycznej, wszystkie zjawiska grawitacyjne.

W swojej pracy zatytułowanej Philosophiae Naturalis Principia Mathematica, wyprowadził prawa pierwszych zasad Keplera. Rozwój teoretyczny Newtona stworzył wiele fundamentów współczesnej fizyki. Zobaczmy następne dwie liczby:

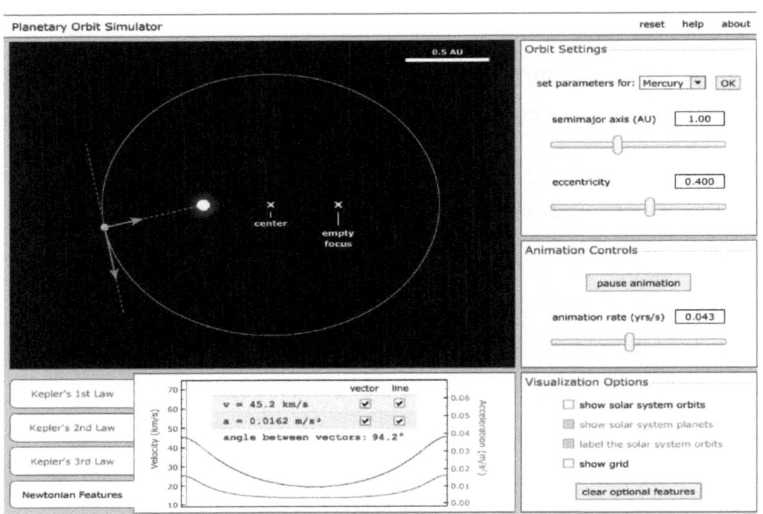

Rysunek 13 - Newtonowski wkład w prawa Keplera (pozycja zbliżona do periheliona).
Źródło: http://astro.unl.edu/classaction/animations/renaissance/kepler.html

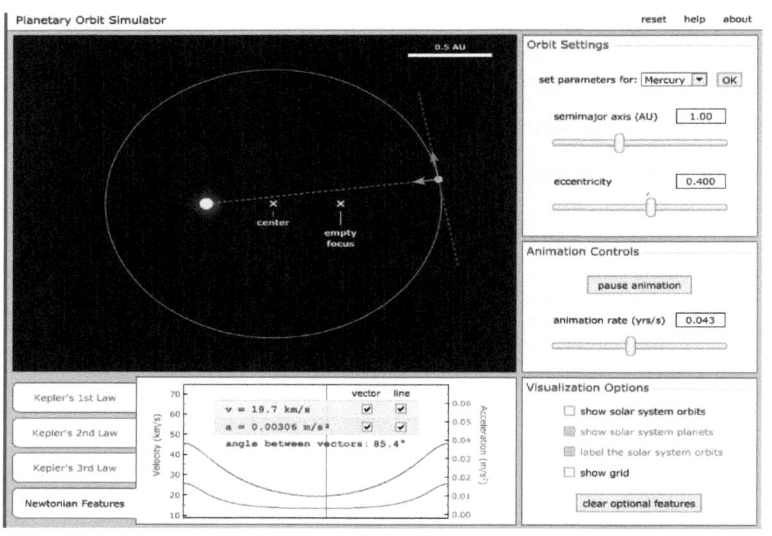

Rysunek 14 - Newtonowski wkład w prawa Keplera (pozycja zbliżona do afeuszu).
Źródło: http://astro.unl.edu/classaction/animations/renaissance/kepler.html

Na pierwszym rysunku widzimy planetę obok pozycji zwanej perihelionem, która jest czasem, gdy jest bliżej Słońca (i jak nauczał Kepler, podróżuje szybciej i wiruje szybciej wokół własnej wyimaginowanej osi). W tym czasie nie była znana Keplerowi demonstracja siły grawitacji, jest ona demonstrowana w symulatorze poprzez zastosowanie i nakładanie się na siebie wektorów rysunku większych niż w przypadku, gdy planeta znajduje się w pobliżu pozycji zwanej aphelionem z warunkami odwrotnymi pierwszymi.

Inny pokaz wpływu grawitacji, Newton odkryty przez symulator jest umieszczony na dolnym wykresie na rysunkach, możemy zobaczyć większe lub mniejsze przyspieszenie i prędkość planety.

Kiedy planeta porusza się (ruch translacyjny) i obraca się (ruch obrotowy) szybciej, nasze zegarki wyznaczają południe, ale pozorny ruch słońca następuje z opóźnieniem, co oznacza, że nie jest ono w swoim pędzie bardziej zaawansowane, co prowadzi nas do wiary w zdrowy rozsądek. O tej porze roku, w porównaniu z innymi porami roku, słońce wschodzi i zachodzi później.

Szybko, gdy the prędkość być wolny, the słońce ustawiać wczesny i wzrastać, the pozorny ruch the słońce zostać wczesny. Cztery różne sektory elipsy na planecie wywodzą się z czterech części "ósemki" analemmy.

2 EDUKACJA X SEZONY

Władcy stanów Wirginia i Maryland w Stanach Zjednoczonych podpisali traktat pokojowy z Indianami z Sześciu Narodów. Wysyłali do nich listy, aby wysłać niektórych z waszych młodych ludzi do szkół białych. Głowy Indian odpowiedziały dziękując i odmawiając. Treść listu była znana jako następna po latach wojen między białymi i Indianami, Benjamin Franklin przyjął zwyczaj nagłaśniania go w swoich wykładach i rozmowach. Według Carlosa Brandão (2001), taka była treść:

> Jesteśmy zatem przekonani, że życzy pan nam dobrze i z całego serca dziękujemy.
> Ale ci, którzy są mądrzy, uznają, że różne narody mają różne wyobrażenia o rzeczach i dlatego mistrzowie nie będą obrażeni, gdy dowiedzą się, że wasza idea edukacji nie jest taka sama jak nasza.
> ... Wielu z naszych dzielnych wojowników zostało przeszkolonych w szkołach północnych i nauczyło się całej twojej nauki. Ale kiedy do nas wrócili, byli złymi biegaczami, nieświadomymi życia w lesie i nie byli w stanie wytrzymać zimna i głodu. Nie wiedzieli, jak polować na jelenie, zabijać wroga i budować chatę, i bardzo źle mówili naszym językiem. Były więc zupełnie bezużyteczne. Nie służyli jako wojownicy, myśliwi ani doradcy.
> Jesteśmy niezmiernie wdzięczni za waszą ofertę i choć nie możemy jej przyjąć, aby okazać naszą wdzięczność, proponujemy szlachetnym panom Wirginii, aby przysłali nam kilku waszych młodych ludzi, którzy nauczą ich wszystkiego co wiedzą i uczynią ich mężczyznami.

Biorąc pod uwagę treść listu, powyższy autor popiera ideę, że różne rodzaje społeczeństw, takie jak plemienni myśliwi, rolnicy lub pasterze, rolnicy, miasta w krajach rozwiniętych i uprzemysłowionych, społeczne światy bezklasowego kształcenia państwowego itp. Wymagają one różnych rodzajów edukacji.

Powinno to być zatem wolne, aby zaspokoić potrzeby wspólnoty, jeden ze sposobów na stworzenie wspólnej wiedzy, wiary w to, co jest wspólnotowe. Jednak może to być również narzucone przez scentralizowany system władzy, który wykorzystuje swoją wiedzę do wzmocnienia nierówności między ludźmi w zakresie podziału własności, pracy, praw i symboli.

Kiedy to się przejawia, jest to uważane za ułamek sposobu życia grup społecznych, które tworzą i odtwarzają. Istnieją formy edukacji, które są praktykowane w celu przekazania wiedzy, że poprzez słowa plemienia, społeczne kodeksy postępowania, zasady działają w stałej wymianie bez końca z naturą i z ludźmi.

Gdy potrzebni są wojownicy lub biurokraci, dostępne są w tym celu stanowiska edukacyjne, budujące wiedzę, która stanowi i legitymizuje poprzez proces tworzenia przekonań, idee i umiejętności, które wiążą się z wymianą symboli, dóbr i mocy, które razem budują typy społeczeństwa.

Jest to więc jego siła, wyrażona w postaci wychowawcy, w sposób leniwy, wyobrazić sobie służbę wiedzy, której uczysz, ale w rzeczywistości służy tym, którzy mianowali go profesorem, aby wykorzystać jego potencjał do egzekwowania swoich interesów politycznych. Ta ostatnia, niestety, jest jego słabością, przejawiającą się w powtarzaniu skrystalizowanej wiedzy, stale lekceważąc różnice wspólnoty nie jest gotowa do przeglądu starych koncepcji ze względu na jej hierarchiczny stan władzy. Dowodem na to jest sposób, brak lokalnego rozróżnienia, ponieważ książki geograficzne klasyfikują pory roku w Salwadorze.

2.1 VYGOTSKY I INTERAKCJA UCZNIA Z OTOCZENIEM

Najwyraźniej nie ma standardowych potrzeb, które mogłyby skorygować błędne wyobrażenia spowodowane przez odpowiednią literaturę tylko w różnych regionach, tj. w regionach lub strefach umiarkowanych, gdzie dominują kraje podważające jeden z filarów teorii Wygockiego, co z pewnością przyczynia się do tego, że nie jest w pełni zrozumiałe dla większości ludzi.

Dla Mizucami (1986), jedną z podstaw teorii Vygotsky'ego jest zdobywanie wiedzy poprzez interakcję podmiotu z otoczeniem. W tym kontekście, jak możemy promować tę interakcję między nauczaniem Sezonów a mieszkańcami obszarów tropikalnych?

Dla Vygotskiego język jest symbolicznym systemem grup ludzkich i dostarcza koncepcji, form faktycznej organizacji i mediacji między podmiotem a przedmiotem wiedzy, dlatego też różne społeczeństwa i kultury tworzą różne struktury, tzn. należy budować wiedzę lokalną.

Kultura nadaje poszczególnym symbolicznym systemom reprezentacji rzeczywistości i wszechświatowi znaczeń, które pozwalają budować interpretację świata rzeczywistego. Jest to element, z którego podmiot stale negocjuje proces odrodzenia i reinterpretacji informacji, pojęć i znaczeń. Jest to soteropolitańska kultura, ta wielka wartość lata.

Często mówi się, że w Salwadorze rok kończy się dopiero po karnawale. Koniec karnawału i oficjalny koniec lata to w istocie zbliżające się daty. Salwador wartości, i wiele, twoja wycieczka, wspierane w swoich partiach, artystów i plaże, elementy, które napędzają gospodarkę całego stanu Bahia. Tak więc, potwierdzając Vygotsky, jest tylko sprawiedliwe, że ludność Salvadoru może mieć uznanie o porach roku inaczej.

Również według Vygotsky'ego, cytowanego Mizucami (1986), strefą rozwoju proksymalnego jest dystans między rzeczywistym poziomem rozwoju a potencjałem; dystans między tym, co podmiot jest sam, a tym, co możemy zrobić z interwencją. Tak więc to do nauczyciela należy interwencja, aby pokonać ten dystans zakłócający proces uczenia się. W tym kontekście, aby nasi uczniowie uczyli się o porach roku i aby nasi nauczyciele mogli dokonywać odpowiednich interwencji, konieczne jest skorygowanie obecnych zasad. Jest to zagadnienie, które z pewnością byłoby lepiej zrozumiałe dzięki takim cechom, jak małe modele planetarne lub nowoczesne cechy filmów wyjaśniających, co zaobserwowaliśmy w bardziej rozwiniętych krajach.

Rząd powinien wdrożyć politykę, która pozwoli nauczycielom z powodzeniem poruszać się w strefie proksymalnego rozwoju naszych uczniów w zakresie tej i innych badanych treści.

2.2 ROGERY CARLOWE I HUMANISTYCZNA KONCENTRACJA

Carl Rogers zacytował Mizucami (1986), podejście procesu nauczania, zgodnie z humanistycznym podejściem, stwierdza, że wiedza jest nieodłącznie związana z działalnością człowieka i nigdy nie jest skończona. Jego podstawą jest osobiste i subiektywne doświadczenie każdego z nich. Doświadczenie, człowiek wie. Doświadczenie jest zestawem doświadczeń życiowych. Tak więc uważamy, że to całkowicie niepoprawne, że jeden z mieszkańców Salwadoru doświadcza bardzo gorącej pogody w roku, w którym dominujące zasady decydują o tym, która jest jeszcze wiosna, a która już jest jesienią.

Zmarły mistrz Tom Jobim, który urodził się w Rio de Janeiro, jednym z południowo-wschodnich stanów Brazylii, został uwieczniony: "...są wody marca zamykające lato...", podczas gdy w Salwadorze, lato jest zamknięte, jak powiedziałby poeta, z wodą (deszczem) z kwietnia.

2.3 JEAN PIAGET I FOCUS POZNAWCZY

Tak jak ma to miejsce w przypadku humanistycznego podejścia Carla Rogersa, w którym człowiek powinien starać się spotkać z poznawczym podejściem Piageta, jednostka musi operować na przedmiocie, który ma być poznany.

Według Piageta, cytowanego Mizucami (1986), wiedza jest konstrukcją ciągłą i dlatego jest zasadniczo aktywna. Facet zna (poznaje) przedmiot działający (operujący) na nim i przyswajający go do dostępnych mu struktur (zmysłowo-ruchowych, werbalnych lub mentalnych). Jest to również ćwiczenie faceta, który sam buduje te struktury.

Brak wiedzy na temat koncepcji pór roku w Salwadorze wynika z tego, że obserwacje poszczególnych osób są niezgodne z tym, czego nauczyły się w swoich podręcznikach w szkole, a nie z tym, czego doświadczają. Podążając za tokiem rozumowania Piageta, jeśli wiedza jest czymś zasadniczo aktywnym i stałym konstruktorem, najwyższy czas, aby właściwie uczyć tego przedmiotu od szkoły podstawowej po szkolnictwo wyższe.

2.4 PAULO FREIRE I SKUPIENIE NA KWESTIACH SPOŁECZNO-KULTUROWYCH

Z pewnością powinniśmy edukować ludzi na temat rzeczywistości wydarzeń, zgodnie z nauką Freire'a, jednak oficjalne reguły pór roku nie są stosowane w regionach międzywrotnikowych. Tylko pokazać zasady umieścić cztery pory roku, jak są one znane w obszarach umiarkowanych i polarnych, jesteśmy wspieranie odległej wiedzy o rzeczywistości, jak w przypadku Salwadoru, nieścisłości jest wielki. Jednak dla reszty Brazylii jest to również wielka niespójność, ponieważ wiele podręczników przynosi na rysunkach domów śnieg symbolizujący zimę, co sugeruje tendencję do tworzenia koncepcji, że zima jest "czasem roku, w którym pada śnieg", jak powiedzieliśmy wcześniej, co pozostawia do przedstawienia innych regionów Brazylii.

Według Freire'a cytowanego Mizucami (1986), człowiek jest konkretny, usytuowany w świecie, a świat tu i teraz w ich społeczno-kulturowo-politycznym kontekście. Ma powołanie, aby stać się podmiotem (wiedzy, edukacji, życia, w każdym razie), który sięga poprzez refleksję i działanie na ich rzeczywistość. Wiedza jest wytwarzana przez człowieka w nieodłącznym procesie świadomości. Jest to przybliżenie rzeczywistości, które pozwala odkrywać zmienne na kolejnych poziomach głębokości i zrozumienia.

Również według Freire'a, edukacja ma na celu przede wszystkim stworzenie warunków dla solidnej i szerokiej świadomości wszystkich ludzi. Oba muszą bowiem pracować w stałej postawie krytycznej refleksji związanej zawsze z zaangażowaniem w działanie.

Aby stworzyć wśród ludności Salwadoru lub obszarów tropikalnych świadomość pór roku, konieczne jest zatem włączenie do podręczników kwalifikacji niezbędnych do lepszego ukazania rzeczywistości tych regionów.

2.5 WPŁYWY HISTORYCZNE I KULTUROWE / KSIĄŻKI BRAZYLIJSKIE

W podręcznikach z Brazylii często znajdują się europejskie reprezentacje czterech pór roku jako śnieg w zimie, kwiaty w wiosennym słońcu latem i jesienią opadanie liści.

Jak już wcześniej wspomniano, Brazylia ze swoimi kontynentalnymi wymiarami jest przecięta wyimaginowaną linią Tropik Koziorożca tylko w stanie São Paulo, to znaczy tylko dwa z dwudziestu sześciu stanów (i jeden dystrykt federalny, w sumie dwadzieścia siedem jednostek federalnych) znajdują się na swoich terytoriach o szerokościach geograficznych wyższych niż linia wyimaginowana, Rio Grande do Sul i Santa Catarina. Stan Parana ma większość terytorium w tym samym stanie, São Paulo ma mniejszość terytorium, a Mato Grosso do Sul ma niewielką część.

Zdecydowana większość naszego kraju znajduje się zatem na niższej szerokości geograficznej w stosunku do Zwrotnika Koziorożca, tj. poza regionem umiarkowanym i poza ochroną przepisów europejskiej edukacji o porach roku, która jest stosowana w podręcznikach naszego kraju.

Potwierdzając, Selles i Ferreira (2004) zasugerowali, że jedna z pierwszych prób organizacji brazylijskiego systemu szkolnictwa miała miejsce wraz z utworzeniem w 1837 roku Kolegium Pedro II, które miało na celu zapewnienie jedności brazylijskiej edukacji. W tym czasie podręczniki te były w znacznym stopniu obecne w naszych programach nauczania, wykorzystując oryginalne lub przetłumaczone dzieła francuskie. Program nauczania opracowany przez tę instytucję od dawna był wzorem do naśladowania w skali kraju.

Według Lorenza (1986) cytowanego w Selles i Ferreira, historyczny kontekst edukacji w Brazylii ujawnia ścisłe związki z europejską produkcją naukową, zwłaszcza z literaturą francuską. Na przełomie XIX i XX wieku dominowały książki francuskie oraz późniejsze tłumaczenia lub adaptacje książek francuskich lub angielskich.

Również według autorów (2004, s. 105) nie zaobserwowano żadnych zmian w roślinności brazylijskiej, tak jak to ma miejsce w Europie, w przypadku upływu sezonów:

> Jednym z przykładów jest Almond Beach lub Sun Hat (Terminalia catappa, według A. B. JOLY w Botani: wprowadzenie do taksonomii roślin, California, National, 1985). Pochodzące z Afryki, ale bardzo popularne na brazylijskim wybrzeżu, drzewo to ma liściaste liście, których opadanie nie pokrywa się z tak zwanym "opadaniem brazylijskim". Podobnie w Cerrado lub w prowincjonalnej części Lasu Atlantyckiego w stanach Minas Gerais i Sao Paulo możemy znaleźć drzewa z roślinami liściastymi, które nie opadły w czasie, który nazywamy jesienią, ale w porze suchej.

Tak jak obrazowe przedstawienia zimy są identyfikowane w naszym kraju tylko na bardzo małej części naszego rozległego terytorium, które jest pokryte śniegiem, tak wiosna jest nieskonfigurowana w większości kraju, biorąc pod uwagę kwitnienie prawie przez cały rok, a to, co jest reprezentowane jako lato jest obserwowane tylko wzdłuż wybrzeża. Dlatego też studenci z różnych części Brazylii, a raczej większości naszego kraju, mają trudności z charakterystyką czterech pór roku w swoich regionach, tak jak opisuje to większość podręczników. "W rezultacie możemy powiedzieć, że postrzeganie naszych uczniów zostało zlekceważone na korzyść importowanych przedstawień krajobrazów Półkuli Północnej". (SELLES i FERREIRA, 2004, s. 106).

3 SEZONY W SALWADORZE

Droga" Słońca 0° szerokości geograficznej, lub równika, do 23° 26' 37" szerokości geograficznej południowej i Zwrotnika Koziorożca, słońce świeci na Salwadorze, który jest 12° 58' 16" szerokości geograficznej południowej, około dnia 27 października, dużo wcześniej, więc oficjalne lato (przybliżona data 21 grudnia):

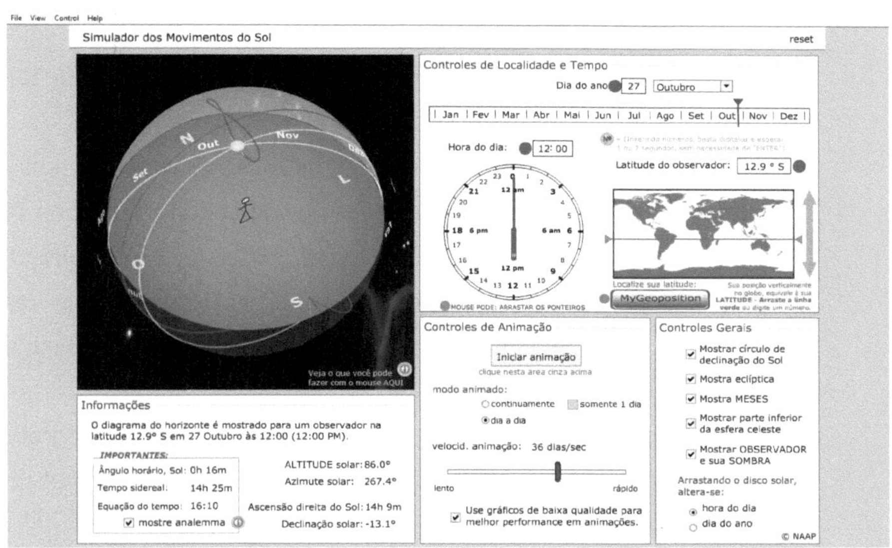

Rysunek 15 - Pierwszy zenit słoneczny w Salwadorze (~27/10). Źródło: http://veraodabahia.blogspot.com.br/2009_05_01_archive.html (własne).

Aby dokładnie znaleźć datę, używamy innego symulatora NAAP / UNL, zatytułowanego Sun Motions Demonstrator. Obraz został wykonany z modelu przetłumaczonego na portugalski i powiększony o kilka przycisków, aby ułatwić ich nauczanie.

Aby obserwować położenie Słońca względem danej lokalizacji, należy najpierw dostosować szerokość geograficzną na małej mapie świata po prawej stronie. Do Salwadoru należy podać wartość 12,9 stopnia szerokości geograficznej południowej, ponieważ symulator pracuje z ułamkami i dziesiętnymi z jednym miejscem po przecinku. Mała lalka jest idealnie bez cienia w kierunku północ-południe w dwóch terminach, w których słońce przechodzi nad naszą stolicą[6].

Widzimy mały cień na bok z powodu pozycji analematycznej, w dniu, który jest pokazany. Należy kliknąć "pokaż analemmę", aby docenić zjawisko graficzne i "pokaż miesiące", aby zobaczyć położenie słońca w wybranej miejscowości (Salwador, w pokazanym przykładzie) w każdym dniu roku.

Symulator jest bardzo ciekawy i ma inne cechy, takie jak możliwość zaplanowania opcji dzień po dniu, obserwować sukcesję godzin i minut, jednak dla celów niniejszej pracy, jest bardziej wygodne utrzymanie kliknięty przycisk ciągły i zamrożony zegar w południe, dla lepszej obserwacji ścieżki Słońca w ciągu roku, opisując jego trajektorię w analemmie.

W "drodze" powrotnej, od 23° 26' 37" szerokości geograficznej południowej i Zwrotnika Koziorożca do 0° szerokości geograficznej i równika, ponownie Salwador otrzymuje swoje belki nad głową, tj. drugi zenit słoneczny, około dnia 15 lutego (12° 58' 16" szerokości geograficznej południowej):

---

6 Symulator w oryginalnym stanie, w języku angielskim i bez nowych przycisków, można znaleźć na stronie: http://astro.unl.edu/classaction/animations/coordsmotion/sunmotions.html Nasza przetłumaczona wersja i z większą ilością przycisków można znaleźć na następującym stałym linku w naszym blogu: http://veraodabahia.blogspot.com.br/2009_05_01_archive.html Dodano przyciski, aby wyjaśnić, co to jest Analemma, plus link, który otwiera stronę My GeoPosition dla zapewnienia współrzędnych geograficznych witryny, że chcesz oglądać ruch słońca.

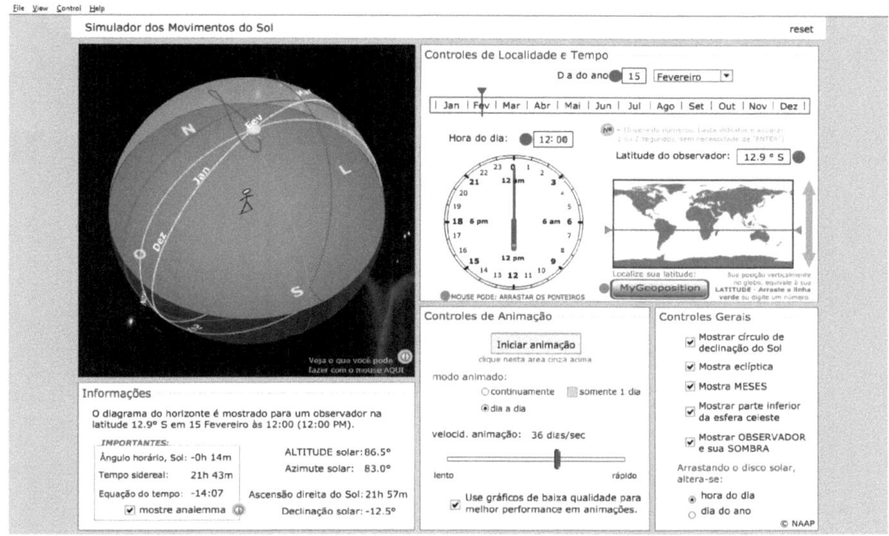

Rysunek 16 - Drugi zenit słoneczny w Salwadorze (~15/02). Źródło: http://veraodabahia.blogspot.com.br/2009_05_01_archive.html (własne).

Blacha metalowa zawiera centralny gnomon o długości śruby 120 mm. Posiada również cztery śruby na końcach, które umożliwiają idealne wypoziomowanie, które jest mierzone przez poziom, który również wyposaża płytę, oraz inne urządzenia potrzebne jako globalne urządzenie pozycjonujące - GPS, kompas i zegar z termometrem i kalendarzem.

Następny obrazek pokazuje współrzędne geograficzne GPS Salwadoru, kalendarz pokazuje, że obrazek został wykonany 14/02/2010, więc data zenitu w Salwadorze i zegar pokazuje, że była 23:33, tuż przed pojawieniem się idealnego zenitu, co może być postrzegane przez cień rzucony na zachód.

Kompasy umieszczone na tablicy sprawiają, że jest idealnie skierowana na geograficzną północ, biorąc pod uwagę upust lokalnej deklinacji magnetycznej, informowany przez stałą płytę klejącą:

Rysunek 17 - Drugi zenit słoneczny w Salwadorze (14/02/2010). Źródło: http://www.veraodabahia.blogspot.com.br/2010/02/segundo-zenite-solar-em-salvador.html (własne).

Na naszym blogu znajduje się wiele innych zdjęć w Internecie, pokazujących deklinację cieni w Salwadorze w datach czterech pozycji astronomicznych i datach pozycji zenitów w naszej stolicy (http://www.veraodabahia.blogspot.com.br).

Obrazy te zostały wykonane na potrzeby pomiarów symulatora danych poprzez badania i obserwacje rzeczywistych zdarzeń. Będziemy unikać umieszczania tutaj innych obrazów, aby zapobiec agromitacji tej pracy.

Naszą propozycją jest rozpoznanie prawdziwej letniej i naukowej bazy Salwadoru od 27 października (pierwszy dzień zenitu słonecznego), do 2 kwietnia, czyli 45 dni po drugim zenicie Salwadoru (obserwowanym 15 lutego).

Nieprzyswajanie 45 dni przed pierwszą kulminacją (Zenit Słoneczny) ma na celu zachowanie ostrożności i rozwagi, ponieważ w tym dniu Słońce porusza się szybciej i zachodzi wcześniej (patrz: Paradoksalna Zmiana Dnia Słonecznego związana z Układem Kepler/Newton). Z tą samą ostrożnością wybrano 45-dniowy okres po drugim zenicie, ponieważ jest to połowa z dziewięćdziesięciu dni, czyli ćwierć obrotu tłumaczenia naziemnego, który jest długością oficjalnych sezonów.

Wystarczy obserwować pory roku w oficjalnych przepisach, ostatni zenit w tropikach aż do pojawienia się zenitu na równiku, co sumuje się na okres 90 dni.

Kryterium uznania lata Salwadoru od zenitu słonecznego do zenitu słonecznego, kolejne 45 dni przed pierwszym i 45 dni po drugim, czyli od 12 września do 1 kwietnia, aby zastąpić oficjalny okres letni, którego koronacją jest 21 grudnia, wynika z jego uprzywilejowanej szerokości geograficznej: 12° 58' 16" oficjalnie, a dokładniej 12° 49' 37.92", począwszy od przedmieścia Paripe (najdalszy punkt na północ od miasta) do 13° 01' 4,58", obserwowane w kamieniach plażowych dzielnicy Red River (najbardziej wysunięty na południe punkt miasta).

Wszystkie lokalizacje poniżej 11° 43' 11" szerokości geograficznej południowej i wszystkie powyżej 11° 43' 11" szerokości geograficznej północnej mogą uznawać zenit słoneczny latem, ponieważ 11° 43' 11" szerokości geograficznej jest dokładną połową drogi, którą Słońce przecina równik (00° 00' 00" szerokości geograficznej) do tropików (23° 26' 37" szerokości geograficznej południowej lub północnej) trajektorii trwającej 45 dni.

Lub przynajmniej lato powinno być rozpoznawane od daty pierwszego zenitu słonecznego w mieście, który ma miejsce 27 października.

Jeśli w jednym miejscu znajduje się zenit słoneczny, a po 45 dniach odjazdu słońca i 46. dniu będzie on wracał, to znaczy zbliżał się ponownie do tego samego miejsca, to można uznać ten okres za letni, ponieważ stacje urzędowe są przyjmowane na okres 90 dni (dwa razy!). Ponieważ Salwador znajduje się poniżej połowy drogi między równikiem a Zwrotnikiem Koziorożca, zostałby objęty tą zasadą.

Oczywiście, musimy stworzyć nową, dwuczęściową strefę tropikalną na każdej półkuli. Od szerokości geograficznej 11° 43' 11" do tropikalnego (średnia odległość między równikiem a tropikiem, na północy lub południu) mamy dłuższe lato, co najmniej zenit do zenitu, plus 45 dni, jak opisano. Prawdopodobnie od punktu szerokości geograficznej 11° 43' 11" do równika (średnia odległość między równikiem a tropikami, na północy lub południu) nie ma zimy.

Powinniśmy jednak wysłuchać rozważań naukowców i ludzi mieszkających w tych miejscach, zanim potwierdzimy te naukowe dyktanda. Tak jak błędem jest próbowanie narzucenia czterech pór roku strefy umiarkowanej w strefie tropikalnej, tak błędem byłoby próbowanie narzucenia reguły na jednej szerokości geograficznej w oparciu o parametry innej.

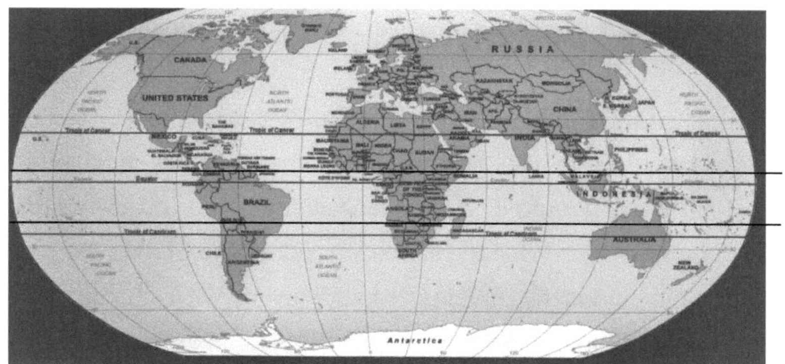

Rysunek 18 - Nowe linie wyobrażeniowe / Nowa konfiguracja strefy tropikalnej Źródło: http://granthaalayah.com/Articles/Vol7Iss6/26_IJRG19_A06_2367.pdf (własne).

Oczywiście inne lokalizacje o uprzywilejowanej szerokości międzywrotnikowej, takie jak Salwador, mogą wymagać uznania zwiększonego lata, jak Darwin, w północnej Australii (12° 27' 40,80" szerokości geograficznej południowej); Lima, Peru (12° 5' 35,10" szerokości geograficznej południowej); miasto Meksyk, Meksyk (19° 50' 57,82" szerokości geograficznej północnej) i cała wyspa Kuba (19° 41' 2.29" do 22° 52' 38.58" szerokości geograficznej północnej), jeśli warunki i normy pogody się tak potwierdzą, możliwe jest, że niektóre miejsca mają różne wzorce pogodowe w danej porze roku, nawet jeśli na tych samych szerokościach geograficznych, z powodu różnych czynników klimatycznych, na które wpływ ma wysokość lub prądy morskie i powietrze różne.

Do Salwadoru, niewątpliwie, upały przychodzą na długo przed oficjalnym i lato trwa znacznie dłużej niż data wejścia w życie jako koniec sezonu, zawsze prezentując wysokie temperatury, na długo przed oficjalną wiosną, aż po oficjalnej jesieni, co uzasadniałoby uznanie dłuższego lata i wyróżniające się sezony ze względu na przedstawione fakty.

Ta teoria lub nowa forma rozpoznawania stacji nie miałaby zastosowania do lokalizacji położonych poza tropikami lub na szerokościach geograficznych wyższych na północ od Zwrotnika Raka lub na południe od Zwrotnika Koziorożca, ponieważ Słońce nie pada na nie, tzn. zenit słoneczny nie jest obserwowany w tych lokalizacjach, na przykład w Stanach Zjednoczonych, Japonii, Europie i Kanadzie, a dla tych lokalizacji koncepcja ma więcej stacji zgodnych z prawem, przedstawiających cztery odrębne fazy w ciągu roku.

Tym samym zimowa data ukoronowania Salwadoru nie uległaby zmianie, ponieważ kiedy słońce równonocy marcowej i kontynuuje swoją "drogę", coraz bardziej oddaloną, aby skupić się na Zwrotniku Raka w przesileniu czerwcowym, skupia się w najdalszym punkcie naszej stolicy i choć nie mamy lodu, śniegu ani śniegu, temperatury są z pewnością niższe niż te obserwowane w okresach oficjalnej wiosny i lata.

Nadal możemy ustalić Salwadorowi nowy termin lub 45 dni na ustalenie naszej jesieni, będzie to 02 kwietnia (jeden dzień po drugim zenicie ponad 45 dni) do 16 maja, jesień, więc tylko 45 dni określając, od następnego dnia (17 maja), początek naszej zimy, przechodząc jego szczyt lub przesilenie zimowe (21 czerwca), a będzie do 28 lipca.

Następnego dnia rozpocznie się nasza wiosna, która będzie trwała od 29 lipca do 26 października, a następnego dnia, 27 października, rozpocznie się prawdziwe i naukowe lato w mieście Salwador.

Proponuje się, aby używać tych samych nazw stacji urzędowych, aby nie powodować wyobcowania ludzi. Nazwy pozostają te same, czas trwania pór roku jest to, że powinny być rozpoznawane inaczej w każdym miejscu międzywrotnikowym, na podstawie wzorców pogodowych i obserwacji zenitu słonecznego.

Równanie czasu Keplera, którego wynikiem jest graficzna demonstracja znana jako analemma słoneczna, jest również odpowiedzialne za zwiększenie poczucia lata w Salwadorze. Po dacie przesilenia letniego obserwuje się, że maksymalne jego zróżnicowanie występuje w bardzo zbliżonych szerokościach geograficznych i datach do dwóch zeniths występujących w Salwadorze, co sprawia, że zachodzące tam słońce ustawia się najpóźniej w porównaniu z innymi porami roku.

Po 21 grudnia, jest drugi zenit w Salwadorze, około 15 lutego, jak pokazano powyżej, a data maksymalna zmienność analemmy słońca, na wschód, (41,5° długości geograficznej zachodniej biorąc pod uwagę środowisko - dzień GMT) w stosunku do jego środkowego punktu, który ma miejsce około 12 lutego 13,6° szerokości geograficznej południowej[7] (Salwador 12,9° szerokości geograficznej południowej).

Dla kontrastu, data i szerokość geograficzna maksymalnej zmienności analemmy słonecznej, w kierunku zachodnim, (49,1° W, Tak samo jak powyżej) w stosunku do jej punktu środkowego, występuje około 3 listopada blisko wystąpienia pierwszego zenitu słonecznego w Salwadorze, który występuje około 27 października, jak pokazano na poniższym zdjęciu:

[7] Aby znaleźć te daty i szerokości geograficzne, użyć obrazów USNO, obserwujemy obrazy, zawsze w południe na Brasilia (który jest taki sam jak czas salwadorski) dla każdego dnia w roku, i znaleźć 17 (siedemnaście) obrazów o minimalnej długości, a mianowicie: 41,5° stopni długości geograficznej zachodniej i ostrożność, wybrała numer 09 (dziewięć), aby być dokładnie w środku. Przy maksymalnej długości, tj. 49,1° długości geograficznej zachodniej, znajdujemy jedenaście (11) obrazów, co doprowadziło nas do wyboru liczby 06 (sześć) z tego samego powodu, aby spróbować maksymalnej precyzji z dostępnymi danymi. Pełna prezentacja, z każdym dniem roku, jest dostępna, jak podano w poprzedniej nocie na stronie http://www.veraodabahia.blogspot.com.br w rubryce "Data from the US Naval Observatory" lub bezpośrednio pod linkiem: http://www.mediafire.com/?fxpx2y8an9v3wjw.

Rysunek 18 - Anemma pozycji ekstremalnych na półkuli południowej. Źródło: Google Earth http://earth.google.com/intl/pt / Żółte znaczniki umieszczone na podstawie danych USNO: http://www.usno.navy.mil/USNO/astronomical-applications/data-services/earthview

The godzina właśnie być doskonale wyrównywać w południe dokładnie the czas gdy the słońce być wysoki, swój analemma, i dla położenie który być dokładnie the wrzeciono w tylko dwa data, oprócz the dwa przesilenie oczywiście (gdy the słońce być prawy w the środek the północny i południowy łuk jego kariera, che przypominać the nieskończoność symbol kształt lub liczba osiem):

Rysunek 19 - Analizy pozycji ekstremalnych na półkulach północnej i południowej. Źródło: Google Earth http://earth.google.com/intl/pt / Żółte znaczniki umieszczone na podstawie danych USNO: http://www.usno.navy.mil/USNO/astronomical-applications/data-services/earthview

Daty te występują, gdy słońce mija w drodze idącej i nadchodzącej (twoja ścieżka pomiędzy tropikami w ciągu kolejnych dni) na centralnym punkcie analemmy, który jest miejscem spotkania pomiędzy dwoma częściami "ósemki", jak aluzja, którą zrobiliśmy.

Warto zauważyć, że dla wykazania występowania analemmy w pozycji pokazanej na powyższym zdjęciu uwzględniono położenie słońca w południe w Brasilii, strefie czasowej stosowanej w Salwadorze, każdego dnia w roku, zawsze USNO na podstawie danych.

Zgodnie z tymi samymi danymi punkt ten znajduje się około szerokości geograficznej 8° 41' 40" (lub 8,6944° u podstawy dziesiętnej) na północ, tj. we wszystkich miejscach równoległych, na przykład Morichal, w Chaguaramas, Monagas, Wenezueli lub Monterii, w Kolumbii.

W Afryce mamy, jako przykład pobliskich miejscowości położonych równolegle do linii 8° 41' 40", miasto Addis Abeba, Etiopia i Sierra Leone, zachodnioafrykańskie wybrzeże, a jednak południowe Indie, część Sri Lanki i inne regiony Indonezji.

Poza datami kulminacyjnymi dwóch przesilenia (~ 21 grudnia i ~ 21 czerwca), mamy jeszcze dwa doskonale wyrównane około 12 kwietnia i 31 sierpnia, które są przybliżonymi datami dwóch słonecznych pozycji zenitu w równoleżniku przytoczonym, odpowiednio, poniżej:

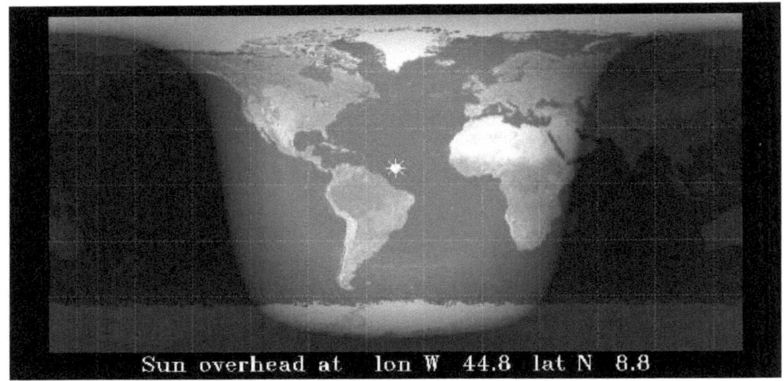

Rysunek 20 - Pozycja Słońca na dzień 12.04.2010 r. (Zenit słoneczny o równoległości 8° 41' 40"). Źródło: http://www.usno.navy.mil/USNO/astronomical-applications/data-services/earthview

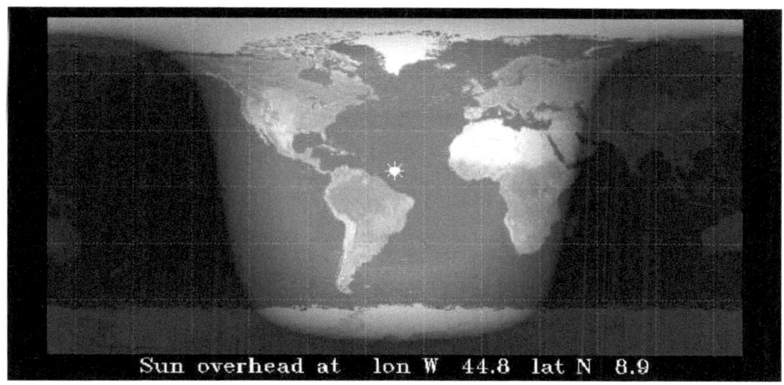

Rysunek 21 - Pozycja Słońca na dzień 31.08.2010 r. (Zenit słoneczny o równoległości 8° 41' 40"). Źródło: http://www.usno.navy.mil/USNO/astronomical-applications/data-services/earthview

Jak już wcześniej wspomniano, musimy pamiętać o słabej dokładności obrazów USNO z szerokością i długością geograficzną w układzie dziesiętnym i tylko z jednym miejscem po przecinku, jednak obrazy te mają dużą przydatność ilustracyjną i pedagogiczną. W nich widzimy równość długości geograficznej pomiędzy dwoma datami (12 kwietnia i 31 sierpnia): 44,8° Zachód.

Należy pamiętać, że pozycje zwane afelem i perihelionem zakłócają wzrost promieniowania słonecznego, podczas oficjalnego lata na półkuli południowej, czyli na początku stycznia, perihelion gwarantuje około 7% więcej promieniowania słonecznego na planecie, ponieważ jest to okres, w którym Ziemia przechodzi najbliżej Słońca, w odróżnieniu od afeletu, który ma miejsce na początku lipca, kiedy Ziemia jest najdalej od Słońca, czyli półkula południowa lato jest ponad intensywne.

Te szczegóły nie są jasno określone w naszej szkole. Często mieszkańcy obszarów tropikalnych wyobrażają sobie, że ich pory roku są takie same jak w regionach umiarkowanych i polarnych.

W związku z tym istnieje luka w standaryzacji. Z jednej strony przepisy nie mają zastosowania w regionach międzywrotnikowych, z drugiej strony nie ma jasnego określenia różnych okresów w roku, które miałyby podstawę naukową do uregulowania ich w tym samym czasie.

3.1 PORY ROKU KONWENCJI X CZAS ŚWIATOWY KONWENCJI

Jak stwierdzono wcześniej, nie jest to celem niniejszego opracowania, które sugeruje usunięcie konwencji o sezonach. Aby pomóc zrozumieć nasz wniosek, przedstawimy kilka kontrapunktów między konwencją o porach roku a konwencją czasu uniwersalnego.

Częstym błędem jest wyobrażanie sobie, że czas, w którym cały świat jest zunifikowany, znany jako uniwersalny czas skoordynowany - UTC lub po prostu czas uniwersalny - UT. W rzeczywistości, nie jest to zunifikowane, jest tylko zgoda, że twój wynik powinien być rozpoczęty w Greenwich, w Anglii.

Praktyczny skutek byłby taki sam, gdyby taka konwencja określała, że południk został wybrany na inne cięcie, na przykład przez Chiny lub Polskę, lub gdziekolwiek indziej, jednak, jak powiedzieliśmy, konwencja nie jest otwarta na wyzwanie. Może być modyfikowany przez inną konwencję, po prostu, ale nie kwestionowane, będąc tylko wyborem, a nie jakąś zasadą ustaloną naukowo.

W przypadku wyboru Greenwich powodem była z pewnością wielka władza gospodarcza i polityczna kraju w tym czasie. Konwencja nie decyduje o ujednoliceniu czasu na całym świecie, ale jest punktem wyjścia.

Siedem godzin (07:00) w Brasilii o dziesiątej (10:00) w Londynie. Czas jest taki sam dla wszystkich, zgodziliśmy się na stały punkt wyjścia (Greenwich Mean Time), a więc godziny są inne.

Przesilenie jest uzgodnione z zenitem słonecznym w tropiku. Przesilenie jest takie samo dla wszystkich, a lato, które rozpoczyna się w tym dniu konwencją, jest również określane dla wszystkich (w przeciwieństwie do godzin liczonych indywidualnie w każdym miejscu lub strefie czasowej).

Tak więc analogicznie do konwencji stref czasowych, pozwalającej na zróżnicowanie czasu (w różnych długościach) od stałego punktu początkowego lub południka zerowego, konwencja wczesno letnia w różnych miejscach (lub kilku szerokościach geograficznych) powinna pozwalać im na posiadanie różnych stacji również z ustalonego punktu, co jest zgodne z przesileniem w tropikach.

Przerzućmy się trochę bardziej na ten temat: Wyobraź sobie, że czas, który zwykle uzgadnia się w Londynie, musiałby być naprawdę ujednolicony? W pewnym momencie, organ, który każdy z Anglii by powiedział: Jest siódma rano (07:00), czas iść do pracy. W Brasilii ludzie powinni nadal pracować w odpowiednim ciemności o czwartej rano (04h00min), ponieważ z ujednoliconym czasie ich zegarki powinny być punktowane siedem godzin (07:00) też? A w Akr, to jeszcze godzina mniej, co odpowiada ciemności trzech godzin (03h00min) rano?

Podobnie, gdy w oficjalnych przepisach (około 21 grudnia) mówi się, że "dzisiaj zaczyna się lato", z pewnością stwierdzenie to nie jest poprawne w wielu miejscach. W ten sam sposób, że istnieje uzgodniony punkt do rozpoczęcia liczenia godzin, pozwala na różne godziny w różnych miejscach, tworzymy zróżnicowane okresy letnie w różnych miejscach na podstawie uzgodnionego stałego punktu.

Ponieważ oficjalne przepisy obowiązują dla regionów umiarkowanych i polarnych, latem powinny one pozostać ustawione tak, aby zaczynały się od zenitu słonecznego na każdej półkuli zwrotnikowej. Teoria Zenitu Słonecznego nie ma zamiaru regulować pór roku w tych regionach, które są wspierane przez oficjalne zasady i konwencje dotyczące tematu "Pory roku".

3.2 TEMPERATURY W NIEKTÓRYCH MIASTACH W BRAZYLII

Jak powiedzieliśmy wcześniej, upał w Salwadorze nadchodzi na długo przed datą oficjalnego lata (~ 21 grudnia). Zanim spojrzymy na zdjęcia temperatury w Salwadorze, musimy pamiętać, że 15 lutego jest dniem numer 46 roku, a 27 października dniem numer 301:

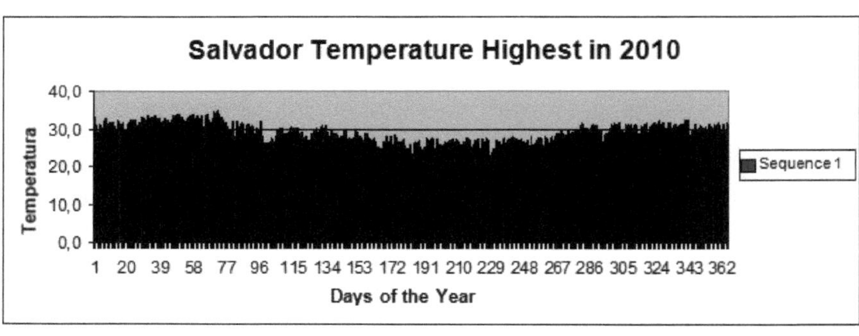

Rysunek 22 - Maksymalne temperatury w Salwadorze w roku 2010. Źródło: Narodowy Instytut Meteorologii - INMET.

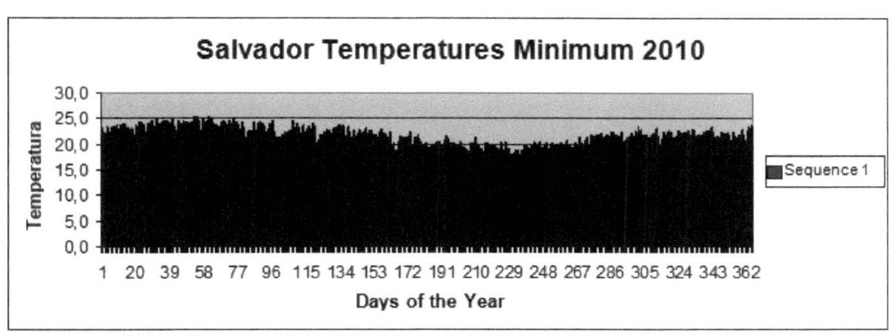

Rysunek 23 - Minimalne temperatury w Salwadorze w roku 2010. Źródło: Narodowy Instytut Meteorologii - INMET.

Jest poniżej temperatur maksymalnych lub poniżej minimum, widoczny jest spadek temperatur w Salwadorze w okresie zimowym, który, jak powiedzieliśmy wcześniej, nie powinien być modyfikowany i ma swoją maksymalną datę około 21 czerwca, który jest przybliżoną datą przesilenia zimowego dla całej półkuli południowej, kiedy słońce świeci w zenicie w Zwrotniku Raka, który jest maksymalną odległością, jaką Słońce może osiągnąć w naszej stolicy.

Oczywiście zimowy Salwador ma swoje własne cechy charakterystyczne, odmienne od tej zimy przedstawionej w podręcznikach, którą obserwuje się tylko w umiarkowanym regionie planety, na szerokościach geograficznych powyżej tropików.

Zachowanie ludzi jest całkowicie zmienione w porównaniu z innymi porami roku. Zazwyczaj na popularnych plażach nie ma tak często, a sposób ubierania się również całkowicie się zmienia.

Z pewnością, gdy obywatel Salwadoru skarży się na zimno, korzysta z gorącego prysznica i ubiera się w ciepłe ubranie, temperatura powinna wynosić około 18 lub 19 stopni. Przy tej temperaturze niektórzy obywatele Europy wychodzą bez koszulki, by świętować lato. Prawdopodobnie w zimie, dla tych obywateli Europy, temperatura spada poniżej zera, a zatem może wystąpić, na przykład, zakres temperatur wynoszący około dziesięciu stopni ujemnych dwadzieścia stopni, co daje całkowity zakres około trzydziestu stopni.

Do Salwadoru, zakres waha się od 17 do 39, tj. jest to mniejsza amplituda, ale powiedzieć, że nie ma zimy ponosi błąd próbuje regulować tropikalne miasto szukając jej cechy miasta w regionie umiarkowanym.

Błędy te składają się z oświadczeń, które zazwyczaj są wykonywane jako "Bahia jest latem przez cały rok". Korzenie tych stwierdzeń można wyjaśnić pierwszymi opisami naszego klimatu przez Portugalczyków, takich jak Simão de Vasconcelos, w roku 1663, cytowanym przez dziekana (1998, s. 100), który "radował się wieczną wiosną Brazylii".

Tabele bez wątpienia pokazują również wzrost temperatury około dnia 27 października, czyli liczby 301 na tablicy, na długo przed oficjalnym czasem letnim, więc i pozostają wysokie do około 15 marca, który jest numerem 76 dzień, co uzasadnia naszą propozycję zwiększenia okresu letniego Salvador.

Na przykład w Porto Alegre, które jest miastem położonym w górnej części szerokości geograficznej do Zwrotnika Koziorożca, w strefie umiarkowanej, a więc obserwuje cechy podobne do miast w Europie, zachowanie temperatur jest zupełnie inne:

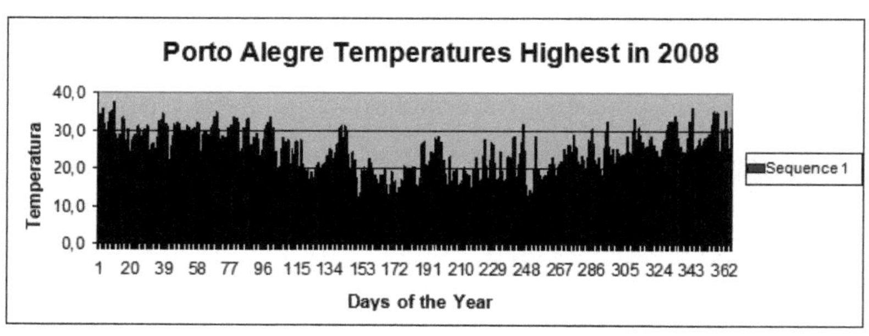

Rysunek 24 - Maksymalne temperatury w Porto Alegre w roku 2008. Źródło: Narodowy Instytut Meteorologii - INMET.

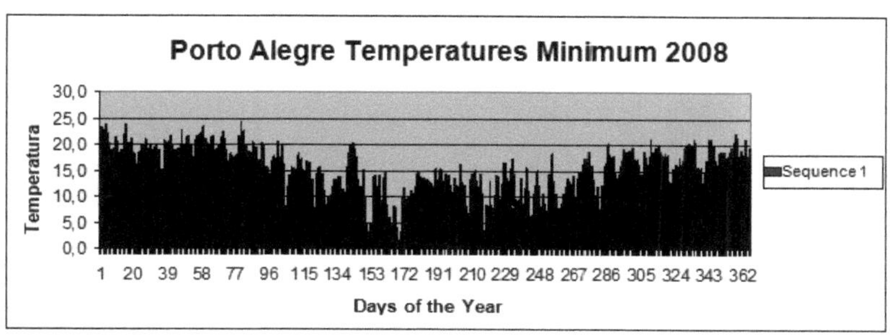

Rysunek 25 - Minimalne temperatury w Porto Alegre w roku 2008. Źródło: Narodowy Instytut Meteorologii - INMET.

Widzimy szeroki zakres od jednego lub dwóch stopni do trzydziestu dziewięciu stopni. Znajdując się w strefie umiarkowanej, jest ona doskonale wspierana przez europejskie standardy z czterema różnymi fazami w roku oraz zmiennością wegetacji i zachowań swoich obywateli, co doskonale wyznacza cztery pory roku.

Uzupełnieniem tych różnic są duże skoki amplitudowe w krótkich okresach czasu.

Wspólnym wątkiem jest to, że owa pora roku niższych temperatur w obu miastach jest bliska, około czerwca, ze względu na fakt, że oba znajdują się na tej samej półkuli. Okresy wyższych temperatur są jednak nieco inne. W Porto Alegre temperatury są wyższe pod koniec roku, ponieważ w Salwadorze wpływ obu zenitów jest doskonale widoczny w ramach temperatur.

W następnym rozdziale, który wyjaśnia tabelę Zenitu Słonecznego, która jest dołączona do tego tekstu, przedstawimy jeszcze kilka myśli na temat stolicy Bahia.

Teraz pozwólcie na temperaturę dla miejskiej strefy równikowej:

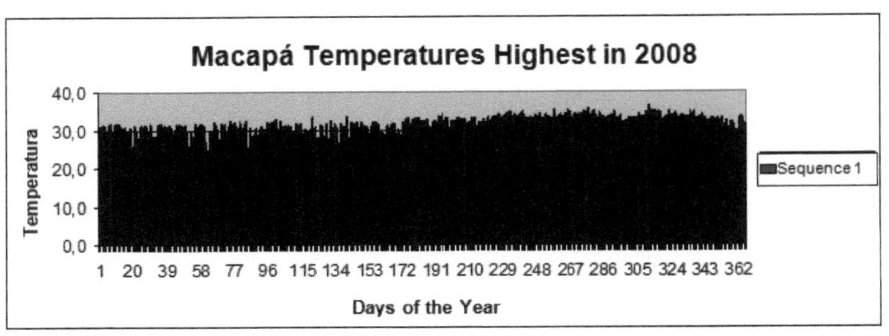

Rysunek 26 - Maksymalne temperatury w Macapie w ciągu całego roku 2008.
Źródło: Narodowy Instytut Meteorologii - INMET.

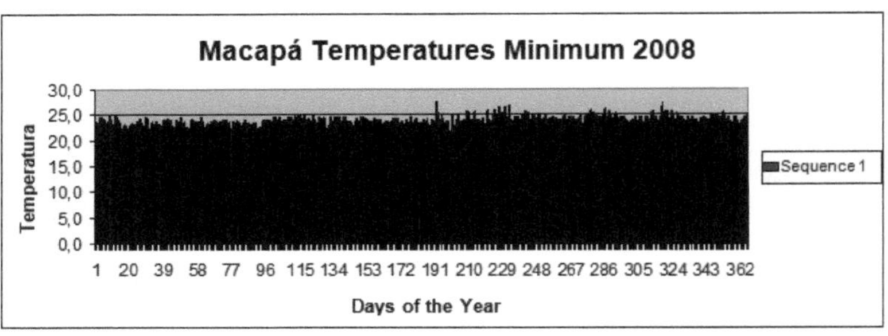

Rysunek 27 - Minimalne temperatury w Makapie w ciągu całego roku 2008.
Źródło: Narodowy Instytut Meteorologii - INMET.

Jak zobaczymy w następnym odcinku, do zenitu zenitu letniego ustawienia jest całkiem możliwe, tylko w miejscowościach o wyższych szerokościach geograficznych 11° 43' 11" na północ lub południe, jak w przypadku Salwadoru.

Zgodnie z tabelami temperatur Macapa, praktycznie nie ma znaczących wahań temperatury, a wahania temperatury z pewnością nie są duże.

Tylko ankieta przeprowadzona w tym regionie mogła stwierdzić, w oparciu o ich wzorce pogodowe, jaka jest ich pora roku i czy jest zima, czy nie. Sądząc jedynie po występowaniu zenitu, opisuje niektóre sugestie również w następnym rozdziale.

3.3 ZENITALNY STÓŁ SŁONECZNY I

Do tego tekstu dołączona jest tabela przedstawiająca występowanie Zenitu Słonecznego, czyli czasu, w którym słońce świeci dokładnie w danym miejscu. Nie są brane pod uwagę długości geograficzne, jednak tabela przedstawia występowanie zenitu w każdym dniu, ułożone w lewej kolumnie, od 21 czerwca danego roku do 21 czerwca następnego roku (366 linii), i każdej szerokości geograficznej, od 23,5° szerokości geograficznej północnej do 23,5° szerokości geograficznej południowej, przez stopień zerowy, czyli równik, pomalowany na brązowo (95 kolumn).

Dokładność występowania krzywej Zenitu Słonecznego jest utrudnione przez ograniczone możliwości komórek kwadratowych programu Excel i starać się respektować różnice w powierzchni ziemi, umieścić opadanie tych samych trzech linii po dwóch i wreszcie jeden w rzędzie, choć terminy są dokładne.

Ważne jest, aby pamiętać, że stół został zbudowany do Salvadoru. W przypadku innych lokalizacji wystarczy przenieść linię odniesienia do innych szerokości geograficznych lub lokalizacji.

W Salwadorze (13,5°Południe), zima pomalowana na niebiesko, która będzie krótsza w stosunku do oficjalnych zasad (74 dni, a nie 90); żółty to wiosna, lato poprzedzające, z danymi znacznika czerwonego (12 września), który występuje 45 dni przed pierwszym zenitem słonecznym, który jest tym samym początkiem naszego lata; zielony to jesień, zima poprzedzająca, oznaczona na czerwono datą (01 kwietnia), która występuje 45 sekund po zenicie słonecznym i jest tym samym końcem naszego lata. Należy zauważyć, że okres jesienno-wiosenny zostałby skrócony o połowę, czyli zaledwie o 45 dni, a ich występowanie nie miałoby żadnego związku z pozycjami astronomicznymi równonocy, czyli około 21 września i 21 marca.

Innym szczegółem tabeli jest to, że od szerokości geograficznej 12,0° na północ i południe, a na koniec, czyli do 23,5° na północ i południe, czerwony obszar malowany odnosi się do lata zenitu na tych szerokościach geograficznych, zgodnie z naszą propozycją.

Dokładny pomiar dla takiego zdarzenia wynosi 11° 43' 11" na północ lub południe, a przy słabej dokładności tabeli, która jest podzielona tylko co pół stopnia, zdecydowaliśmy się na to cięcie w momencie 11,5°.

Ponieważ tabela jest bardzo duża w oryginalnej formie w programie Excel, kopiowanie i wklejanie tego dokumentu w programie Word nie pozwala zobaczyć liczby dat w ich 366 liniach lub stopniach i ułamkach 50% w ich 95 kolumnach. Zalecamy rozważenie tego samego w oryginalnym programie, a jeśli chcą to zrobić w druku lub formacie Azero A1. W formacie A2 potrzebuje pomocy obiektywu, aby zobaczyć dane. Inną opcją poprawnego widoku jest zmiana programu powiększającego do wyświetlania lub edycji tekstu Word lub PDF na 400% lub 500%.

Z tabeli wynika również, że przy projektowaniu tego samego rozumowania dla miast o szerokościach geograficznych między 11° 43' 11" północą lub południem (przedstawionych w tabeli z miarą 11,5°) a równikiem, występuje zanik trendu zimowego, ponieważ równik ma dwa położenia zenitu słonecznego rocznie w dniach 21 września i 21 marca, czyli terminach, które zgodnie z oficjalnymi zasadami są jesienią i zimą (lub odwrotnie, w zależności od odczytu z półkuli południowej na północ lub z północy na południe). To wyjaśnia konfuzję pojęcia pór roku pomiędzy tropikami, ponieważ na drodze Słońca, w stosunku do równika, jeśli policzyć 45 dni po jednym z jego zenitów (21 września lub 21 marca), to nadal byłoby to Twoje lato, ma Jeśli ponad 45 dni "jesień" aż Słońce dotrze do jednego z tropików, który również trwał 45 dni, a następnie obserwować "wiosnę" w 45 kolejnych dniach, które byłyby związane z ich latem ponownie 45 dni przed drugim zenitem.

W tabeli występowanie jesieni i sprężyny równikowej jest pomalowane na zielono i żółto, odpowiednio w kolumnach obok, aby nie wymazać brązowego koloru. Ekwador przedstawiłby zatem dwa lata: 7 sierpnia (45 dni przed pierwszym zenitem słonecznym, który jest 21 września do 5 listopada), (45 dni po pierwszym zenicie słonecznym, który jest 21 września). Przez następne 90 dni obowiązuje okres 45 dni jesiennych (do 20 grudnia) i 45 kolejnych dni wiosennych (do 4 lutego). Od 5 lutego do 6 maja, ma swoje drugie lato, które jest oznaczone środkiem przed 45 do 45 dni później, jego drugi zenit, który jest 21 marca.

Tak więc, z miejscowości 11° 43' 11" (lub 11,5° w tabeli), od północy lub południa do równika, który wynosi 0°, mają dwa lata, a pierwszy miałby symboliczną jesień / wiosna tylko jeden dzień, jeśli ich warunki i wzorce pogodowe potwierdzają je.

Letnią Amazonkę, która zwykle ogłaszana jest około października, zaraz po zenicie słonecznym równika, obserwowanym około 21 września.

Tablicę Zenith Solar I można pobrać z naszego bloga http://www.veraodabahia.blogspot.com.br w poście "Elementy techniczne" z dnia 07.07.2009 r., lub klikając bezpośrednio na następujący link do pobrania: http://www.mediafire.com/?hjyuyyfjny2.

3.4 ZENITALNA TABELA SŁONECZNA II

Druga tabela przedstawia, w oparciu o dane z Obserwatorium Marynarki Wojennej USA - USNO, występowanie zenitu słonecznego (Słońca Napowietrznego) na każdej szerokości i długości geograficznej, odnosząc je do daty obserwacji.

USNO służy do wstawiania stopni i ich ułamków, albo szerokości geograficznej jako długości geograficznej w podstawie dziesiętnej, albo ułamków z jednym tylko miejscem po przecinku, które mogą być mało precyzyjne, aby określić występowanie zenitu słonecznego w określonym miejscu. Wypełniamy stronę internetową USNO, wszystkie daty zdjęć użytych w pierwszej części tego artykułu zawsze w 15-godzinnym Zulu, aby zbiegały się z południem Brasilii.

Tablica ta powinna być obecna w podręcznikach, tak aby osoby mieszkające pomiędzy tropikami mogły sprawdzić daty występowania zenitu słonecznego w swoich miejscowościach. Na podstawie obserwacji wzorców pogodowych w poszczególnych miejscach i przypadkach Zenith Solar można określić pory roku w sposób bardziej precyzyjny i realny. Stół powinien być używany, szczególnie w klasach, które nie posiadają żadnych funkcji wideo, w celu zrozumienia ruchu słońca.

W przypadku materiałów wideo lub komputerowych wskazujemy naszą prezentację Power Point w sposób opisany w przypisach numer 3 i 7.

Tablicę Zenith Solar II można również pobrać w naszym blogu http://www.veraodabahia.blogspot.com.br w poście "Dane z Obserwatorium Marynarki Wojennej USA", w dniu 31 stycznia 2010 r. w sekcji "Powiązane linki" w naszym blogu lub po prostu klikając na następujący link: http://www.mediafire.com/?kgbqumddzck5caj.

INNE WZGLĘDY TROPIKALNE

Z powyższego możemy wywnioskować, że regiony międzywrotnikowe potrzebują nowych reguł dotyczących czterech pozycji astronomicznych Ziemi, które są z pewnością głównym czynnikiem w konfiguracji pór roku. Dokonajmy zatem korekt, gdy tylko organy ustawodawcze zaakceptują ten nowy wniosek, ponieważ stanowiska i pojęcia mogą być doskonale wymierzone i zdefiniowane.

Każda lokalizacja może, z matematyczną precyzją, wyznaczyć stacje na czterech astronomicznych pozycjach Ziemi, z należytym przestrzeganiem wzorców pogodowych i zenitu słonecznego, jak pokazano w naszych sugestiach dla Salwadoru, stolicy stanu Bahia.

Inne lokalizacje tropikalne wymagają, w oparciu o warunki opisane w poprzednich wierszach, dyskusji w celu, z właściwym uwzględnieniem ich szczególnych okoliczności, podjęcia decyzji o różnych okresach czterech pór roku.

Bardziej poprawne byłyby zasady studiowania i nauczania, które byłyby zgodne z rzeczywistością obserwowaną w każdym miejscu, tworząc różne okresy pór roku w różnych regionach.

Dzięki możliwości przepływu informacji, zgodnie ze współczesnymi, nauczanymi treściami, nie byłyby one dalekie od lokalnej rzeczywistości, ale raczej treści, które pozwoliłyby każdemu regionowi na realizację przedstawionych w wykorzystywanej literaturze.

Rzeczywiście, nauka powinna zaobserwować różnice wykazane w całej tej pracy, aby dostarczyć wiedzy na ten temat, a nie powiedzieć, w uproszczeniu, że "pojęcie pór roku nie ma zastosowania między tropikami". Jeśli prawdą jest, że nie ma żadnych stacji pomiędzy tropikami, z powodu występowania Słońca, to nie byłoby pór roku na biegunach (gdzie są one maksymalne tylko przez zmianę występowania Słońca), z powodu obecności lodu przez cały rok. Jeśli jest lód, to dlatego, że wody są bliskie zeru stopni Celsjusza, a i tak jest skonfigurowany, że jest zima przez cały rok.

Pokazuje to, jak nietrafiona jest próba uregulowania danego obszaru z uwzględnieniem warunków klimatycznych drugiej strony.

Cztery pory roku zostały uzgodnione przez kraje dominujące, ponieważ jest to koncepcja, która ma zastosowanie poza tropikami, w strefach umiarkowanych, gdzie nawet ich różnice można doskonale zaobserwować, i to właśnie tam znajdują się najbardziej dominujące kraje, takie jak Stany Zjednoczone Ameryki, Kanada, Japonia i cała Europa.

Jednak w podręcznikach krajów międzywrotnikowych stacje te są nauczane w ten sam sposób, bez sensu, ponieważ niektórzy naukowcy twierdzą, że stacje te znajdują się na całej półkuli, a inni twierdzą, że pojęcie pór roku nie ma zastosowania między tropikami, jak pokazano na poprzednich stronach.

Do kraju położonego poza strefą tropikalną, który nie prezentuje zenitu słonecznego w żadnym dniu roku, czyli słońce NIGDY nie świeci na nim w zenicie, uważa się lato tylko dlatego, że słońce zbliżyło się do niego i pada w najbliższym klimacie tropikalnym, dlaczego nie uznać, że jest lato w mieście lub kraju położonym między tropikami, gdy słońce WYRAŹNIE skupia się na nim, rozpoznając jego stacje na różne okresy?

Czy fakt skoncentrowania się na nim nie powinien mieć pierwszeństwa przed tym, że tylko zbliża się do innego?

Jak zauważono, na zdjęciach temperatury miasta równikowego, Salwadoru, oraz miasta o strefie umiarkowanej, jak na przykład Porto Alegre, w użytym przykładzie, zachowano kilka różnic, które powinny być brane pod uwagę przy regulacji pór roku w różnych miejscach.

Położenie regionów umiarkowanych obserwowało duże wahania okresów jasności między zimą a latem, ze względu na dużą szerokość geograficzną, która jest spowodowana nachyleniem wyobrażonej osi planety. Do Salwadoru, który znajduje się w strefie tropikalnej, różnice w porach dnia i nocy nie są tak wyraźne.

W warunkach występowania Słońca w strefie tropikalnej planety, różnice spowodowane zniekształceniami czasu wykazywanymi przez analemmę są bardziej widoczne.

W strefie umiarkowanej, postrzeganie zniekształceń czasu przelotu Słońca na sferze niebieskiej jest przyćmione przez większe naprzemienne okresy dnia i nocy. Jest to kolejny czynnik różnicujący te dwa regiony.

Dla lepszego zrozumienia tego, co mówię w ostatnich linijkach, w tym różnic w różnych okresach dni słonecznych spowodowanych analemizmem, które mogą być postrzegane tylko w strefie tropikalnej, proszę odwiedzić tekst Paradoksalne zmiany dnia słonecznego związane z systemem Kepler/Newton, dostępny na stronie: https://www.longdom.org/open-access/paradoxical-variation-of-the-solar-day-related-to-keplernewton-system-2168-9792-1000145.pdf.

Ze względu na wszystkie te różnice należy również wziąć pod uwagę zimowy Salwador, chociaż jego pełny zakres temperatur nie jest tak duży jak w przypadku miast w regionach umiarkowanych.

REFERENCJE

ARQUIDIOCESE de São Salvador da Bahia. **Atestado**. 18 setów. 2009. Dostępny w: < http://1.bp.blogspot.com/_z1hgZh7zf3c/SrPwoqoqKl/AAAAAAAAABY/74mSaBqWIN4/s1600-h/Atestado+Arquidiocese.jpg>. Dostęp: 12 lat temu. 2013.

TAK JAK TO ROBIŠ LUDZIE. Dostępne na stronie: < http://pt.wikipedia.org/wiki/P%C3%A1gina_principal>. Dostęp: 25 arów. 2009

ASTRONOMIA. Dostępne w: < http://astro.if.ufrgs.br/estacoes.html>. Dostęp: 20 marca. 2009.

ASTRONOMIA, Część 2 - Stacje roku. Dostępne w: < http://www.cdcc.usp.br/cda/ensino-fundamental-astronomia/parte2.html>. Dostęp: 3 zestawy. 2011.

ATHAYDE JUNIOR, Luiz Sampaio. **Nowe zasady na cztery pory roku w krajach ze strefy tropikalnej**. Dostępne w: < http://granthaalayah.com/Articles/Vol7Iss6/26_IJRG19_A06_2367.pdf> [2019]. Dostęp: 27 lipca. 2019.

ATHAYDE JUNIOR, Luiz Sampaio. **Paradoksalna zmienność dnia słonecznego związana z systemem Kepler/Newton**. Dostępne w: < https://www.longdom.org/open-access/paradoxical-variation-of-the-solar-day-related-to-keplernewton-system-2168-9792-1000145.pdf> [2015]. Dostęp: 31 marca. 2016.

ATHAYDE JUNIOR, Luiz Sampaio. **Lato w Bahia**. [2009]. Dostępne w: < http://www.veraodabahia.blogspot.com.br>. Dostęp: 21 stycznia 2010.

BIOGRAFIA Galileo Galilei. **Twoja ankieta.com**. 2004. Dostępne na stronie: < http://www.suapesquisa.com/biografias/galileu/>. Dostęp: 2 maja 2010 r.

BRANDÃO, Carlos Rodrigues. **Co to jest edukacja?** 40. ed. São Paulo: Brasiliense, 2001. (zbiórka pierwszych kroków)

BRAZIL, Ministerstwo Rolnictwa, Zwierząt Gospodarskich i Zaopatrzenia - MAPA. Narodowy Instytut Meteorologii - INMET. Główna stacja klimatyczna Salwadoru, Ondina, Bahia. **Tabela minimalnych i maksymalnych temperatur Salwadoru, Porto Alegre i Macapá**. Brasília, DF: INMET, 2011.

CABRAL, Gabriela. **Sezony**. 2011. Dostępne w: < http://oitavoanociencias.blogspot.com.br/2011/03/as-estacoes-do-ano.html>. Dostęp: 30 kwietnia 2011 r.

CENTER do rozpowszechniania astronomii. **Astronomia część 2: sezony**. São Paulo: USP, 2000. Dostępne w: < http://www.cdcc.usp.br/cda/ensino-fundamental-astronomia/parte2.html>. Dostęp: 8 sierpnia 2013.

CORRĘĘA, Iran Carlos Stallivere. **História da astronomii**. Dostępne w: < http://www.ufrgs.br/museudetopografia/fotos/Fotos_PDF/Historia_da_Astronomia.pdf>. Dostęp: 17 lipca 2011.

DEAN, W. **A ferro e fogo:** a história da devastação da Mata Atlântica Brasileira. São Paulo: Companhia das Letras, 1998.

DILÃO, Rui. **Szerokość geograficzna i długość geograficzna.** Instrumenty pośredniczące 2002. Dostępne w: < http://www.cienciaviva.pt/latlong/anterior/gps.asp>. Dostęp: 27 marca. 2011.

ESTAÇÃO do ano. **W: Wikipédia**. 2010. Dostępne w: < http://pt.wikipedia.org/wiki/Esta%C3%A7%C3%A30_do_ano>. Dostęp: 25 arów. 2010.

ESTAÇÕES do ano. **Brasil escola**. 2002. Dostępne w: < http://www.brasilescola.com/geografia/estacoes-ano.htm>. Dostęp: 30 arów. 2009.

ESTAÇÕES do ano. [200-]. Dostępne w: < http://www.fiocruz.br/biosseguranca/Bis/infantil/estacoes-ano.htm>. Dostęp: 27 abr. 2009.

ESTAÇÕES do ano. Dostępny w: < http://omnis.if.ufrj.br/~tati/webfisica/sis-solar/estacoes.htm>. Dostęp: 30 arów. 2009.

FARO, Joana. **Mitologia Greco-Romana**: Deméter, a Deusa da Agricultura. 2004. Dostępny w: < http://www.areliquia.com.br/Artigos%20Anteriores/71MitGrecR.htm>. Dostęp: 20 lat temu. 2011.

FERREIRA, Márcia Serra; SELLES, Sandra Escovedo. **Historyczno-kulturowe wpływy na prezentacje pór roku w podręcznikach do nauki**. 2004. Dostępne w: < http://www.scielo.br/pdf/ciedu/v10n1/07.pdf>. Dostęp: 11 marca 2011 r.

DARMOWE, Paulo. **Concientización**. Buenos Aires: Busqueda, 1974.

GOOGLE EARTH. 2005. Dostępne w: < http://earth.google.com/intl/pt>. Dostęp: 2 maio 2010.

GOOGLE MAPS. 2010. Dostępne w: < http://maps.google.com.br/>. Dostęp: 28 abr. 2010.

HISTÓRIA da astronomia. 2011. Dostępne w: < http://www.fis.unb.br/observatório/notasdeaul/aula2.pdf>. Dostęp: 11 lat temu. 2011.

HISTÓRIA da astronomia. Dostępne w: < http://www.fis.unb.br/plasmas/aula2.pdf>. Dostęp: 11 lat temu. 2011.

HISTÓRIA da astronomia. **W. Wikipédia**. Dostępne w: < http://pt.wikipedia.org/wiki/Hist%C3%B3ria_da_astronomia>. Dostęp: 27 czerwca 2011 r.

PÓŹNIEJSZA DŁUGOŚĆ DŁUGOŚĆ. **Aondefica.com**. 1996. Dostępne w: < http://www.aondefica.com/lat_long_ap.asp>. Dostęp: 13 marca. 2010.

MIZUKAMI, M. G. N. **Edukacja:** zbliża się proces. São Paulo: EPU, 1986.

MORENO, Cláudio. Pochodzenie **Stacji Roku** [2000-]. Dostępne w: < http://wp.clicrbs.com.br/sualingua/2009/04/30/origem-das-estacoes-do-ano/?topo=,2,18>. Dostęp: 27 czerwca 2011 r.

MOVIMENTOS da terra. Dostępne w: < http://www.todooceu.com/home.html>. Dostęp: 20 marca. 2010.

OLIVEIRA FILHO, Kepler de Souza; SARAIVA, Maria de Fátima Oliveira. **Astronomia i Astrofísica**. 2006. Dostępne w: < http://astro.if.ufrgs.br/>. Dostęp: 20 marca. 2009.

OLIVEIRA FILHO, Kepler de Souza; SARAIVA, Maria de Fátima Oliveira. **Roczny ruch słońca i pór roku**. 2012. Dostępne w: < http://astro.if.ufrgs.br/tempo/mas.htm>. Dostęp: 20 marca 2009.

OLIVEIRA FILHO, Kepler de Souza; SARAIVA, Maria de Fátima Oliveira. **Roczny ruch słońca i pór roku**. 2012. Wysokość: 318 pikseli. Szerokość: 531 pikseli. 96 dpi. 24 BIT. Format JPGEG. Dostępne w: < http://astro.if.ufrgs.br/tempo/mas.htm>. Dostęp: 07 sierpnia 2013.

Na mapie świata pokazującej równik. Dostępne w: < picturetomorrow.org> Access: 21 czerwca 2019.

PLANETARNY Symulator Orbity - Nebraska Aplet Astronomiczny Projekt - NAAP - Universidade de Nebraska - Lincoln - UNL. 2008. **Primeira lei de Kepler**. Altura: 800 pikseli. Largura: 1280 pikseli. 96 dpi. 24 BIT. Formato PNG. Dostępne w: < http://astro.unl.edu/classaction/animations/renaissance/kepler.html>. Dostęp: 11 czerwca 2009.

PLANETARNY Symulator Orbity - Nebraska Aplet Astronomiczny Projekt - NAAP - Universidade de Nebraska - Lincoln - UNL. 2008. **Segunda lei de Kepler**. Altura: 800 pikseli. Largura: 1280 pikseli. 96 dpi. 24 BIT. Formato PNG. Dostępne w: < http://astro.unl.edu/classaction/animations/renaissance/kepler.html>. Dostęp: 11 czerwca 2009.

PLANETARNY Symulator Orbity - Nebraska Aplet Astronomiczny Projekt - NAAP - Universidade de Nebraska - Lincoln - UNL. 2008. **Terceira lei de Kepler**. Altura: 800 pikseli. Largura: 1280 pikseli. 96 dpi. 24 BIT. Formato PNG. Dostępne w: < http://astro.unl.edu/classaction/animations/renaissance/kepler.html>. Dostęp: 11 czerwca 2009.

Symulator Orbity Planetarnej: NAAP. 2008. **Wkład Newtona w prawa Keplera:** pozycja blisko periheliona. Wysokość: 800 pikseli. Szerokość: 1280 pikseli. 96 dpi. 24 BIT. Format PNG. Dostępne w: < http://astro.unl.edu/classaction/animations/renaissance/kepler.html>. Dostęp: 11 czerwca 2009.

Symulator Orbity Planetarnej: NAAP. 2008. **Wkład Newtona w prawo Keplera:** pozycja zbliżona do afeliańskiej. Wysokość: 800 pikseli. Szerokość: 1280 pikseli. 96 dpi. 24 BIT. Format PNG. Dostępne w: < http://astro.unl.edu/classaction/animations/renaissance/kepler.html>. Dostęp: 11 czerwca 2009.

Profesor Lidia. **Pory roku**. Dostępne w: < http://blog.educacional.com.br/professoralidia/page/3/>. Dostęp: 13 lipca 2011 r.

RUMYANTSEV, Vasilij. **W: Analema**. 2002. Altura: 580 pikseli. Largura: 480 pikseli. 96 dpi. 24 BIT. Formato JPGEG. Dostępne w: < http://observatorio.info/2002/07/analema/>. Dostęp: 27 czerwca 2011 r.

SAGAN, Carl. **Świat nawiedzony przez demony**: nauka postrzegana jako świeca w ciemności. São Paulo: Companhia das Letras, [200-?]

SUN Motions Demonstrator - Nebraska Astronomia Applet Project - NAAP - Universidade de Nebraska-Lincoln - UNL. 2008. Dostępne w: < http://astro.unl.edu/classaction/animations/coordsmotion/sunmotions.htm >. Dostęp: 3 czerwca 2009.

SUN Motions Demonstrator - Nebraska Astronomia Applet Project - NAAP - Universidade de Nebraska-Lincoln - UNL. 2009. Dostępne w: < http://veraodabahia.blogspot.com.br/2009_05_01_archive.html>. (própria). Dostęp: 3 czerwca 2009. (Versão Traduzida e Adaptada).

Obserwatorium Marynarki Wojennej Stanów Zjednoczonych. Dostępne w: < http://www.usno.navy.mil/USNO/astronomical-applications/data-services/earthview>. Dostęp: 3 czerwca 2009.

USNO. Dostępne w: < http://www.usno.navy.mil/USNO/astronomical-applications/data-services/earthview>. Dostęp: 21 stycznia 2010.

VYGOTSKY, Lew Semonovich. **Społeczna formacja umysłu**. 3. ed. São Paulo: Martins Fontes, 1991.

ZENIT. **W: Portugalski słownik internetowy**. 2009. Dostępny w: < http://www.dicio.com.br/zenite_2/>. Dostęp: 11 czerwca 2011.

DODATEK A - Tabela Zenitu Słonecznego I

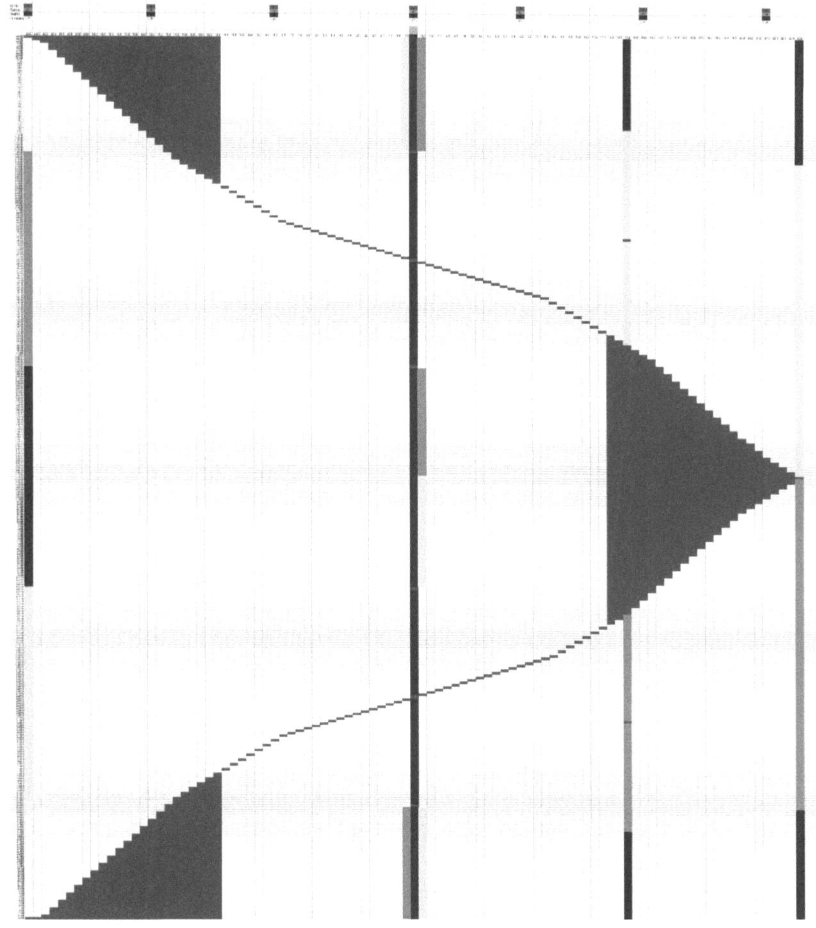

DODATEK B - Tabela Zenitu Solar II

Data	Szerokość geograficzna	Długość geograficzna		Data	Szerokość geograficzna	Długość geograficzna
21/12/2009	23,4 S	45,4 W		06/02/2010	15,5 S	41,5 W
22/12/2009	23,4 S	45,3 W		07/02/2010	15,2 S	41,5 W
23/12/2009	23,4 S	45,2 W		08/02/2010	14,9 S	41,5 W
24/12/2009	23,4 S	45,1 W		09/02/2010	14,6 S	41,5 W
25/12/2009	23,4 S	45,0 W		10/02/2010	14,2 S	41,5 W
26/12/2009	23,4 S	44,8 W		11/02/2010	13,9 S	41,5 W
27/12/2009	23,3 S	44,7 W		12/02/2010	13,6 S	41,5 W
28/12/2009	23,2 S	44,6 W		13/02/2010	13,3 S	41,5 W
29/12/2009	23,2 S	44,5 W		14/02/2010	12,9 S	41,5 W
30/12/2009	23,1 S	44,3 W		15/02/2010	12,6 S	41,5 W
31/12/2009	23,1 S	44,2 W		16/02/2010	12,2 S	41,5 W
01/01/2010	23,0 S	44,1 W		17/02/2010	11,9 S	41,5 W
02/01/2010	22,9 S	44,0 W		18/02/2010	11,5 S	41,5 W
03/01/2010	22,8 S	43,9 W		19/02/2010	11,2 S	41,5 W
04/01/2010	22,7 S	43,8 W		20/02/2010	10,8 S	41,6 W
05/01/2010	22,6 S	43,6 W		21/02/2010	10,4 S	41,6 W
06/01/2010	22,5 S	43,5 W		22/02/2010	10,1 S	41,6 W
07/01/2010	22,3 S	43,4 W		23/02/2010	09,7 S	41,7 W
08/01/2010	22,2 S	43,3 W		24/02/2010	09,4 S	41,7 W
09/01/2010	22,1 S	43,2 W		25/02/2010	09,0 S	41,7 W
10/01/2010	21,9 S	43,1 W		26/02/2010	08,6 S	41,8 W
11/01/2010	21,8 S	43,0 W		27/02/2010	08,2 S	41,8 W
12/01/2010	21,6 S	42,9 W		28/02/2010	07,8 S	41,9 W
13/01/2010	21,4 S	42,8 W		01/03/2010	07,5 S	41,9 W
14/01/2010	21,2 S	42,7 W		02/03/2010	07,1 S	42,0 W
15/01/2010	21,1 S	42,6 W		03/03/2010	06,7 S	42,0 W
16/01/2010	20,9 S	42,5 W		04/03/2010	06,3 S	42,1 W
17/01/2010	20,7 S	42,5 W		05/03/2010	05,9 S	42,1 W
18/01/2010	20,5 S	42,4 W		06/03/2010	05,6 S	42,2 W
19/01/2010	20,3 S	42,3 W		07/03/2010	05,2 S	42,2 W
20/01/2010	20,0 S	42,2 W		08/03/2010	04,8 S	42,3 W
21/01/2010	19,8 S	42,2 W		09/03/2010	04,4 S	42,4 W
22/01/2010	19,6 S	42,1 W		10/03/2010	04,0 S	42,4 W
23/01/2010	19,4 S	42,0 W		11/03/2010	03,6 S	42,5 W
24/01/2010	19,1 S	42,0 W		12/03/2010	03,2 S	42,6 W
25/01/2010	18,9 S	41,9 W		13/03/2010	02,8 S	42,6 W
26/01/2010	18,6 S	41,9 W		14/03/2010	02,4 S	42,7 W
27/01/2010	18,4 S	41,8 W		15/03/2010	02,0 S	42,8 W
28/01/2010	18,1 S	41,8 W		16/03/2010	01,6 S	42,8 W
29/01/2010	17,9 S	41,7 W		17/03/2010	01,2 S	42,9 W
30/01/2010	17,6 S	41,7 W		18/03/2010	00,8 S	43,0 W
31/01/2010	17,3 S	41,6 W		19/03/2010	00,4 S	43,1 W
01/02/2010	17,0 S	41,6 W		20/03/2010	00,0 S	43,1 W
02/02/2010	16,7 S	41,6 W		21/03/2010	00,3 N	43,2 W
03/02/2010	16,4 S	41,5 W		22/03/2010	00,8 N	43,3 W

04/02/2010	16,1 S	41,5 W	23/03/2010	01,1 N	43,4 W
05/02/2010	15,8 S	41,5 W	24/03/2010	01,5 N	43,4 W
Data	Szerokość geograficzna	Długość geograficzna	Data	Szerokość geograficzna	Długość geograficzna
25/03/2010	01,9 N	43,5 W	15/05/2010	18,9 N	45,9 W
26/03/2010	02,3 N	43,6 W	16/05/2010	19,2 N	45,9 W
27/03/2010	02,7 N	43,7 W	17/05/2010	19,4 N	45,9 W
28/03/2010	03,1 N	43,7 W	18/05/2010	19,6 N	45,9 W
29/03/2010	03,5 N	43,8 W	19/05/2010	19,8 N	45,9 W
30/03/2010	03,9 N	43,9 W	20/05/2010	20,0 N	45,9 W
31/03/2010	04,3 N	44,0 W	21/05/2010	20,2 N	45,8 W
01/04/2010	04,7 N	44,0 W	22/05/2010	20,4 N	45,8 W
02/04/2010	05,0 N	44,1 W	23/05/2010	20,6 N	45,8 W
03/04/2010	05,4 N	44,2 W	24/05/2010	20,8 N	45,8 W
04/04/2010	05,8 N	44,3 W	25/05/2010	21,0 N	45,8 W
05/04/2010	06,2 N	44,3 W	26/05/2010	21,2 N	45,7 W
06/04/2010	06,6 N	44,4 W	27/05/2010	21,4 N	45,7 W
07/04/2010	06,9 N	44,5 W	28/05/2010	21,5 N	45,7 W
08/04/2010	07,3 N	44,5 W	29/05/2010	21,7 N	45,7 W
09/04/2010	07,7 N	44,6 W	30/05/2010	21,8 N	45,6 W
10/04/2010	08,1 N	44,7 W	31/05/2010	22,0 N	45,6 W
11/04/2010	08,4 N	44,7 W	01/06/2010	22,1 N	45,5 W
12/04/2010	08,8 N	44,8 W	02/06/2010	22,2 N	45,5 W
13/04/2010	09,2 N	44,9 W	03/06/2010	22,4 N	45,5 W
14/04/2010	09,5 N	44,9 W	04/06/2010	22,5 N	45,4 W
15/04/2010	09,9 N	45,0 W	05/06/2010	22,6 N	45,4 W
16/04/2010	10,2 N	45,0 W	06/06/2010	22,7 N	45,3 W
17/04/2010	10,6 N	45,1 W	07/06/2010	22,8 N	45,3 W
18/04/2010	10,9 N	45,2 W	08/06/2010	22,9 N	45,2 W
19/04/2010	11,3 N	45,2 W	09/06/2010	23,0 N	45,2 W
20/04/2010	11,6 N	45,3 W	10/06/2010	23,0 N	45,1 W
21/04/2010	12,0 N	45,3 W	11/06/2010	23,1 N	45,1 W
22/04/2010	12,3 N	45,4 W	12/06/2010	23,2 N	45,0 W
23/04/2010	12,6 N	45,4 W	13/06/2010	23,2 N	45,0 W
24/04/2010	13,0 N	45,5 W	14/06/2010	23,3 N	44,9 W
25/04/2010	13,3 N	45,5 W	15/06/2010	23,3 N	44,9 W
26/04/2010	13,6 N	45,5 W	16/06/2010	23,4 N	44,8 W
27/04/2010	13,9 N	45,6 W	17/06/2010	23,4 N	44,8 W
28/04/2010	14,2 N	45,6 W	18/06/2010	23,4 N	44,7 W
29/04/2010	14,6 N	45,7 W	19/06/2010	23,4 N	44,7 W
30/04/2010	14,9 N	45,7 W	20/06/2010	23,4 N	44,6 W
01/05/2010	15,2 N	45,7 W	21/06/2010	23,4 N	44,5 W
02/05/2010	15,5 N	45,8 W	22/06/2010	23,4 N	44,5 W
03/05/2010	15,8 N	45,8 W	23/06/2010	23,4 N	44,4 W
04/05/2010	16,0 N	45,8 W	24/06/2010	23,4 N	44,4 W
05/05/2010	16,3 N	45,8 W	25/06/2010	23,4 N	44,3 W
06/05/2010	16,6 N	45,8 W	26/06/2010	23,4 N	44,3 W
07/05/2010	16,9 N	45,9 W	27/06/2010	23,3 N	44,2 W
08/05/2010	17,2 N	45,9 W	28/06/2010	23,3 N	44,2 W
09/05/2010	17,4 N	45,9 W	29/06/2010	23,2 N	44,1 W

10/05/2010	17,7 N	45,9 W		30/06/2010	23,1 N	44,1 W
11/05/2010	18,0 N	45,9 W		01/07/2010	23,1 N	44,0 W
12/05/2010	18,2 N	45,9 W		02/07/2010	23,0 N	44,0 W
13/05/2010	18,5 N	45,9 W		03/07/2010	22,9 N	43,9 W
14/05/2010	18,7 N	45,9 W		04/07/2010	22,9 N	43,9 W
Data	Szerokość geograficzna	Długość geograficzna		Data	Szerokość geograficzna	Długość geograficzna
05/07/2010	22,8 N	43,8 W		25/08/2010	10,6 N	44,5 W
06/07/2010	22,7 N	43,8 W		26/08/2010	10,3 N	44,5 W
07/07/2010	22,5 N	43,8 W		27/08/2010	09,9 N	44,6 W
08/07/2010	22,4 N	43,7 W		28/08/2010	09,6 N	44,7 W
09/07/2010	22,3 N	43,7 W		29/08/2010	09,2 N	44,8 W
10/07/2010	22,2 N	43,7 W		30/08/2010	08,9 N	44,8 W
11/07/2010	22,1 N	43,6 W		31/08/2010	08,5 N	44,9 W
12/07/2010	21,9 N	43,6 W		01/09/2010	08,2 N	45,0 W
13/07/2010	21,8 N	43,6 W		02/09/2010	07,8 N	45,1 W
14/07/2010	21,6 N	43,5 W		03/09/2010	07,4 N	45,2 W
15/07/2010	21,5 N	43,5 W		04/09/2010	07,1 N	45,2 W
16/07/2010	21,3 N	43,5 W		05/09/2010	06,7 N	45,3 W
17/07/2010	21,1 N	43,5 W		06/09/2010	06,3 N	45,4 W
18/07/2010	21,0 N	43,4 W		07/09/2010	05,9 N	45,5 W
19/07/2010	20,8 N	43,4 W		08/09/2010	05,6 N	45,6 W
20/07/2010	20,6 N	43,4 W		09/09/2010	05,2 N	45,7 W
21/07/2010	20,4 N	43,4 W		10/09/2010	04,8 N	45,8 W
22/07/2010	20,2 N	43,4 W		11/09/2010	04,4 N	45,8 W
23/07/2010	20,0 N	43,4 W		12/09/2010	04,1 N	45,9 W
24/07/2010	19,8 N	43,4 W		13/09/2010	03,7 N	46,0 W
25/07/2010	19,6 N	43,4 W		14/09/2010	03,3 N	46,1 W
26/07/2010	19,4 N	43,4 W		15/09/2010	02,9 N	46,2 W
27/07/2010	19,1 N	43,4 W		16/09/2010	02,5 N	46,3 W
28/07/2010	18,9 N	43,4 W		17/09/2010	02,1 N	46,4 W
29/07/2010	18,7 N	43,4 W		18/09/2010	01,8 N	46,5 W
30/07/2010	18,4 N	43,4 W		19/09/2010	01,4 N	46,6 W
31/07/2010	18,2 N	43,4 W		20/09/2010	01,0 N	46,7 W
01/08/2010	17,9 N	43,4 W		21/09/2010	00,6 N	46,7 W
02/08/2010	17,7 N	43,4 W		22/09/2010	00,2 N	46,8 W
03/08/2010	17,4 N	43,5 W		23/09/2010	00,2 S	46,9 W
04/08/2010	17,2 N	43,5 W		24/09/2010	00,6 S	47,0 W
05/08/2010	16,9 N	43,5 W		25/09/2010	01,0 S	47,1 W
06/08/2010	16,6 N	43,5 W		26/09/2010	01,4 S	47,2 W
07/08/2010	16,3 N	43,6 W		27/09/2010	01,8 S	47,3 W
08/08/2010	16,0 N	43,6 W		28/09/2010	02,1 S	47,3 W
09/08/2010	15,8 N	43,6 W		29/09/2010	02,5 S	47,4 W
10/08/2010	15,5 N	43,7 W		30/09/2010	02,9 S	47,5 W
11/08/2010	15,2 N	43,7 W		01/10/2010	03,3 S	47,6 W
12/08/2010	14,9 N	43,7 W		02/10/2010	03,7 S	47,7 W
13/08/2010	14,6 N	43,8 W		03/10/2010	04,1 S	47,8 W
14/08/2010	14,3 N	43,8 W		04/10/2010	04,5 S	47,8 W
15/08/2010	13,9 N	43,9 W		05/10/2010	04,8 S	47,9 W
16/08/2010	13,6 N	43,9 W		06/10/2010	05,2 S	48,0 W

17/08/2010	13,3 N	44,0 W		07/10/2010	05,6 S	48,0 W
18/08/2010	13,0 N	44,0 W		08/10/2010	06,0 S	48,1 W
19/08/2010	12,7 N	44,1 W		09/10/2010	06,4 S	48,2 W
20/08/2010	12,3 N	44,2 W		10/10/2010	06,8 S	48,2 W
21/08/2010	12,0 N	44,2 W		11/10/2010	07,1 S	48,3 W
22/08/2010	11,7 N	44,3 W		12/10/2010	07,5 S	48,4 W
23/08/2010	11,3 N	44,3 W		13/10/2010	07,9 S	48,4 W
24/08/2010	11,0 N	44,4 W		14/10/2010	08,3 S	48,5 W
Data	Szerokość geograficzna	Długość geograficzna		Data	Szerokość geograficzna	Długość geograficzna
15/10/2010	08,6 S	48,5 W		18/11/2010	19,3 S	48,7 W
16/10/2010	09,0 S	48,6 W		19/11/2010	19,5 S	48,7 W
17/10/2010	09,4 S	48,7 W		20/11/2010	19,8 S	48,6 W
18/10/2010	09,7 S	48,7 W		21/11/2010	20,0 S	48,5 W
19/10/2010	10,1 S	48,8 W		22/11/2010	20,2 S	48,5 W
20/10/2010	10,4 S	48,8 W		23/11/2010	20,4 S	48,4 W
21/10/2010	10,8 S	48,8 W		24/11/2010	20,6 S	48,3 W
22/10/2010	11,2 S	48,9 W		25/11/2010	20,8 S	48,2 W
23/10/2010	11,5 S	48,9 W		26/11/2010	21,0 S	48,2 W
24/10/2010	11,9 S	49,0 W		27/11/2010	21,2 S	48,1 W
25/10/2010	12,2 S	49,0 W		28/11/2010	21,4 S	48,0 W
26/10/2010	12,5 S	49,0 W		29/11/2010	21,5 S	47,9 W
27/10/2010	12,9 S	49,0 W		30/11/2010	21,7 S	47,8 W
28/10/2010	13,2 S	49,0 W		01/12/2010	21,8 S	47,7 W
29/10/2010	13,6 S	49,1 W		02/12/2010	22,0 S	47,7 W
30/10/2010	13,9 S	49,1 W		03/12/2010	22,1 S	47,5 W
31/10/2010	14,2 S	49,1 W		04/12/2010	22,3 S	47,5 W
01/11/2010	14,5 S	49,1 W		05/12/2010	22,4 S	47,3 W
02/11/2010	14,8 S	49,1 W		06/12/2010	22,5 S	47,2 W
03/11/2010	15,1 S	49,1 W		07/12/2010	22,6 S	47,1 W
04/11/2010	15,5 S	49,1 W		08/12/2010	22,7 S	47,0 W
05/11/2010	15,8 S	49,1 W		09/12/2010	22,8 S	46,9 W
06/11/2010	16,1 S	49,1 W		10/12/2010	22,9 S	46,8 W
07/11/2010	16,4 S	49,1 W		11/12/2010	23,0 S	46,7 W
08/11/2010	16,6 S	49,1 W		12/12/2010	23,1 S	46,6 W
09/11/2010	16,9 S	49,0 W		13/12/2010	23,2 S	46,5 W
10/11/2010	17,2 S	49,0 W		14/12/2010	23,2 S	46,3 W
11/11/2010	17,5 S	49,0 W		15/12/2010	23,3 S	46,2 W
12/11/2010	17,8 S	49,0 W		16/12/2010	23,3 S	46,1 W
13/11/2010	18,0 S	48,9 W		17/12/2010	23,4 S	46,0 W
14/11/2010	18,3 S	48,9 W		18/12/2010	23,4 S	45,8 W
15/11/2010	18,6 S	48,8 W		19/12/2010	23,4 S	45,7 W
16/11/2010	18,8 S	48,8 W		20/12/2010	23,4 S	45,6 W
17/11/2010	19,0 S	48,8 W		21/12/2010	23,4 S	45,5 W

AUTHOR BIO

Luiz Sampaio Athayde Junior, urodzony w Feira de Santana, Bahia, posiada tytuł magistra w zakresie zarządzania przedsiębiorstwem (2010), a także rozszerzenie metodologii szkolnictwa wyższego (2006) przez Szkołę Administracji Federalnego Uniwersytetu Bahia (EA/UFBA), Podyplomowy MBA z zarządzania finansami i przedsiębiorstwem (2006) uzyskany przez Centrum Podyplomowe i Badawcze w Visconde de Cairú (CEPPEV/FVC), tytuł księgowego w dziedzinie nauk rachunkowości (2004) uzyskany przez Estacio University Center of Bahia (Estacio/FIB) i jest certyfikowany przez IAFC First Degree in International Standards of Accounting-IFRS. Profesor rachunkowości i innych kierunków, takich jak administracja i inżynieria w UNIRB, a także Kurs Astronomii Instytutu Fizyki Federalnego Uniwersytetu Bahia (IF/UFBA). Doświadczony analityk podatkowy, a także muzyk i astronom amator zapisał się do Association of Amateur Astronomers of Bahia (AAAB).

Jego publikacje z zakresu rachunkowości pojawiły się na wielu stronach internetowych specjalizujących się w tematyce podatków oraz międzynarodowych standardach rachunkowości - MSSF. Jest autorem bloga contabeisufba.blogspot.com.br, a jego badania w dziedzinie rachunkowości uczyniły go również twórcą Nowej Polityki Rachunkowości, niedawno opublikowanej w Brazilian Journal of Accounting (RBC), najważniejszej publikacji w tej dziedzinie w Brazylii.

W dziedzinie astronomii prezentował się na licznych sympozjach i konferencjach w Brazylii na głównym uniwersytecie w Wenezueli, Niemczech i USA, a swoje badania publikował również w Hiszpanii. Jest autorem bloga veraodabahia.blogspot.com.br czytanego w ponad 90 krajach i w ponad 50 językach. Jest również autorem książki "The Solar Zenith Theory" (po portugalsku "A Teoria do Zênite Solar") wydanej przez redakcję Federalnego Uniwersytetu Bahia (EDUFBA), która ukazała się również w języku angielskim w Berlinie. Jego badania w obszarze Astronomii pomagają stworzyć Astronomię Tropikalną i nowe cztery pory roku dla strefy tropikalnej.

MIX
Papier aus verantwortungsvollen Quellen
Paper from responsible sources
FSC® C105338

Printed by Books on Demand GmbH, Norderstedt / Germany